山东省种植制度与粮食安全研究

The Study of Cropping System and Food Security of Shandong Province

王兆华　著

中国农业出版社

前言 FOREWORD

　　区域粮食生产是保障国家粮食安全的前提和基础，区域种植制度又是区域粮食生产的关键所在。本研究采取典型农户调研、统计资料分析、数学预测等方法，研究了 1978—2010 年山东省种植制度的演变规律与趋势，提出了区域粮食安全系数和粮食安全贡献度的概念，分析了山东省粮食安全的变化规律，预测了山东省粮食安全的发展趋势，分析了影响山东省种植制度和粮食安全的主要经济和社会因素，提出了基于粮食安全的山东省种植制度可持续发展的对策建议。

　　1. 山东省种植制度演变规律与趋势。①耕地面积逐年减少。30 多年耕地面积减少 97.49 万 hm²，减小幅度高于全国平均水平。②复种指数大幅度上升，但农作物播种面积增长缓慢。30 多年复种指数增加 23.9 个百分点，高于全国平均水平；农作物播种面积仅增长 7.9 万 hm²，增幅低于全国平均水平。③粮食播种面积让位于经济作物。30 多年粮食播种面积减少 172.3 万 hm²，比例下降 16.5 个百分点，降幅均高于全国平均水平；蔬菜种植面积增加 146.3 万 hm²，比例增长 13.5 个百分点，增幅高于全国平均水平。④农作物总产和单产不断提高。30 多年粮食、棉花、油料作物和蔬菜总产分别增长 89.5%、370.1%、256.8% 和 1 165.3%，单产分别增长 135.6%、284.6%、135.3% 和 120.3%。⑤种植业生产投入增长速度远远高于粮食单产增长速度，农业生产成本直线上升。30 多年化肥施用量增长 510.1%，农业机械总动力增长 972.2%，农村用电量增长 1 043.2%，农田灌溉面积增长 12.2%。20 年农药施用量增长 176.7%，农用塑料膜增长 290.2%。

2. 山东省粮食安全趋势。①人口和粮食消费量刚性增长。30 多年人口增长 33.9%，人均粮食消费量增长 25.93%，总消费量增长 92.70%。②粮食产量波动性增长，由 2 288.0 万 t 增长为 4 335.7 万 t，增长了 89.5%。③粮食可调出量不断减少，粮食安全贡献度持续下降。可调出粮食量由 891.4 万 t 的历史最高水平下降为 512.7 万 t，粮食安全贡献度由 16.87% 的历史最高水平下降为 4.36%。④粮食生产向经济不发达地区转移的趋势明显。⑤粮食安全的阶段性变化特征明显。⑥粮食总产 8 连增背后潜在着种植结构不合理、过度依赖单产、粮食生产成本上升和风险性增加等粮食安全隐患。⑦预测得出 2015 年以后山东省可能成为粮食调入省。⑧粮食播种面积比例和粮食单产是制约山东省粮食安全贡献度的显著性因子。⑨要使 2010 年山东省粮食安全贡献度达到 6% 和 10% 的设定量值，粮食播种面积比例的最小阈值分别为 70.81% 和 78.88%，粮食单产的最小阈值分别为 6 313.79 和 6 607.66 kg/hm²。2030 年山东省粮食安全贡献度达到 3%、6% 和 10% 的设定水平的种植制度阈值分别为：耕地面积不少于 687.13 万、711.06 万和 742.96 万 hm²，复种指数不低于 170%，粮食播种面积比例不低于 70%，粮食单产不低于 8 406.02kg/hm²，人口不超过 10 143 万。

3. 农业生产及粮食种植比较效益低是影响山东省种植制

度和粮食安全的主要经济因素。耕地数量减少和质量下降，农业生产者素质低、农业兼业化程度高、粮食生产规模化程度低，农民独立主体地位和对最大化效益的追求，以及粮食安全相关机制不健全是影响山东省种植制度和粮食安全的主要社会因素。

4. 基于粮食安全的山东省种植制度可持续发展的对策建议。保护耕地资源，保障粮食播种面积，提高复种指数，提高粮食单产，提高种植业生产效益。到 2030 年，保持山东省现有粮食安全贡献度的耕地保有量不少于 700 万 hm^2，粮食播种面积不少于 800 万 hm^2，复种指数不低于 170%，粮食单产不低于 8 400kg/hm^2。

目 录
CONTENTS

前言

第一章　绪论 ·· 1

  1.1　研究目的和意义 ······························· 1

  1.2　国内外研究进展 ······························· 7

第二章　山东省种植制度演变规律与趋势研究 ········· 27

  2.1　山东省农业综合生产能力分析 ··············· 27

  2.2　山东省种植制度发展的主要阶段 ············· 36

  2.3　山东省经济结构及农业内部结构演变规律 ····· 42

  2.4　山东省耕地面积的变化趋势 ················· 44

  2.5　山东省复种指数的变化趋势 ················· 45

  2.6　山东省主要农作物总产量和单产的变化规律 ··· 46

  2.7　山东省农作物布局演变趋势 ················· 55

  2.8　山东省农业生产物质投入变化趋势 ··········· 60

  2.9　全省各地市 2010 年种植结构和粮食产量分析 ··· 65

第三章　山东省粮食安全趋势分析与预测研究 ········· 70

  3.1　山东省粮食安全趋势分析 ··················· 70

  3.2　全省粮食总产 8 连增后的潜在问题 ··········· 79

  3.3　山东省粮食安全趋势预测 ··················· 85

3.4 山东省粮食安全贡献度阈值测算 ·············· 95

3.5 山东省粮食安全贡献度影响因子类型划分 ·········· 101

3.6 2010 年山东省粮食安全贡献度阈值计算 ··········· 102

3.7 不同年份不同粮食安全贡献度种植制度阈值测算······ 103

**第四章 山东省粮食安全和种植制度的主要经济和
社会影响因素分析** ·············· 106

4.1 山东省粮食生产农民问卷调查分析·········· 106

4.2 山东省粮食安全和种植制度的主要经济影响因素
分析 ······························ 111

4.3 山东省粮食安全和种植制度的主要社会影响因素
分析 ······························ 118

4.4 规模化粮食生产效益分析 ·············· 121

**第五章 基于粮食安全的山东省种植制度可持续发展
对策建议** ·············· 126

5.1 保护耕地资源 ···················· 126

5.2 保障粮食播种面积 ·················· 128

5.3 提高复种指数 ···················· 131

5.4 提高粮食单产水平 ·················· 132

5.5 提高种植业生产效益···················· 134

第六章 几点说明 ·············· 136

6.1 研究内容和方法 ···················· 136

6.2 研究结果 ······················ 136

参考文献 ·············· 139

附 录 ·············· 160

目　录

附录1　山东省粮食产量与粮食单产、粮食播种面积的多元线性回归方程的 SUMMARY OUTPUT、RESIDUAL OUTPUT、PROBABILITY OUTPUT 值 ············· 160

附录2　山东省粮食安全贡献度、耕地面积占全国耕地面积比例、复种指数、粮食播种面积占农作物播种面积比例、粮食单产与全国粮食单产比率和人口数量占全国人口数量比例多元线性回归方程的 SUMMARY OUTPUT、RESIDUAL OUTPUT、PROBABILITY OUTPUT ············· 162

附录3　1978—2010 年山东省耕地面积比例、复种指数、粮食播种面积比例、单产比率和人口比例时间序列指数平滑运算结果报告 ············· 166

附录4　山东省粮食生产农民调查问卷 ············· 169

后记 ············· 171

第一章 绪 论

1.1 研究目的和意义

我国农业文明历史悠久，精耕细作的农耕文化举世闻名。千百年来，在漫长的人类社会发展过程中，随着经济社会的不断发展和生产力水平的逐步提高，我国的种植制度从原始的刀耕火种到现代农业机械的广泛应用，大致经历了撂荒、休闲、连作、轮作的演变过程。新中国成立后，我国高度重视农业生产，通过持续不断的种植制度改革，粮食产量稳步提高，农业生产保持了良好地发展势头，有力支撑了国民经济的发展。实施家庭联产承包责任制以来，我国农业生产潜力得到了充分挖掘，广大农民的生产积极性得到有效调动，种植制度进一步完善，农业生产持续发展，书写了"用不足世界 9% 的耕地养活了全球近 21% 的人口"的奇迹。进入 21 世纪以来，国家相继出台了一系列支农惠农政策，加大了对农业的扶持力度，种植制度逐步优化，复种指数进一步提高，资源利用率大大提升，农业生产能力日趋增强，实现了 50 年来我国粮食产量的首个连续 8 年增产，有效保证了我国的粮食安全，为国民经济的持续稳定发展奠定了坚实基础。

但是，随着我国社会主义市场经济体制的逐步完善和加入WTO 后受国际环境的影响，国际、国内市场驱动作用在农业领域日益凸现，农业生产受市场因素的影响日渐显著。特别是当前我国正处于传统农业向现代农业转型的关键时期，农业生产遇到了诸多新的问题，区域种植制度的可持续发展和粮食安全面临着前所未有的挑战。

山东省是我国的农业大省，也是我国的粮食主产省，农业综合发展水平多年来一直位居全国前列，省际区域的农业发展方式和种植制度发展模式在全国农业发展中既具有突出的典型性，又具有普遍的代表性。近年来，全省农业生产条件进一步改善，粮食产量不断增加，首次实现了新中国成立以来的 9 连增，为国家粮食安全和社会经济发展做出了突出贡献。但是，受人口、资源、市场等因素的影响，山东省的农业生产和种植制度可持续发展同样面临着诸多新的挑战。

1.1.1　粮食安全始终是经济发展、社会稳定与人类健康的重大战略问题

粮食是国民经济发展的基础，粮食安全是经济安全的前提。农业是国民经济发展的基础性产业，作为农业主产品的粮食是国民经济持续快速发展的基础所在。经济安全是经济发展的重要保障，而粮食安全又是经济安全的前提，它不仅影响着经济发展和现代化进程，还影响着我国经济发展的宏伟目标能否顺利实现。只有粮食得到安全供给，与之相关的产业和赖以存在的部门才能持续稳定地发展。

粮食是社会稳定的战略物资，粮食安全是社会发展的稳定器。历史经验反复证明，"手中有粮，心中不慌"，有粮则稳，无粮则乱。我国是一个人口大国，粮食需求量极大，如果缺粮就会发生饥荒，从而引发经济秩序混乱和整个社会的动荡不安。在我国现阶段，社会稳定在农村，农村稳定在农民，农民稳定在粮食，粮食作为稳民心、安天下战略商品的特征尤其明显。

粮食是人类生活保障的必需品，粮食安全直接关系着人们的健康。"民以食为天"，粮食是人类生存和发展最基本、最重要、

具有不可替代性的生活资料，是人类生存和发展的第一必需品。粮食安全是提高人们生活质量，改善人们健康状况的基本保障，是人们生活水平在达到小康后，得以进一步改善和提高的前提与基础。

1.1.2　我国的粮食安全面临着严峻的挑战

人口数量增长和消费结构升级，导致粮食需求总量持续增加。从人口数量来看，我国是一个人口大国，2010 年的人口数量近 13.4 亿，2020 年全国人口总数预计达到 14.5 亿左右，人口数量的增长直接拉动了粮食需求的刚性攀升。根据我国目前居民消费水平，按每增加 1 亿人口，口粮直接消费量增加 1 300 万 t 计算，预计到 2020 年全国口粮消费量将比 2010 年增加 1 430 万 t。从粮食消费结构来看，近年来，随着居民生活水平的不断提高和农业科技的不断发展，我国的口粮消费比例略有降低，种子用粮基本稳定，但由于饲料产业及粮食加工业的迅猛发展，饲料用粮和工业用粮比率增长较快，消费结构的升级驱动着粮食需求总量的不断增长。2010 年我国粮食消费总量为 54 800 万 t，预计到 2020 年我国粮食需求总量将达到 57 250 万 t。

日渐匮乏的耕地和水资源，严重制约着粮食产量的持续增加。随着社会经济的不断发展和工业化、城市化进程的逐步推进，我国本已紧缺的耕地资源正在逐年减少，18 亿亩 * 耕地保有量的压力不断增大。2008 年我国耕地面积仅为 18.26 亿亩，比 1996 年减少 1.24 亿亩，年均减少 1 030 万亩；人均耕地面积 1.36 亩，仅为世界平均水平的 40%。我国多年平均水资源总量约为 28 000 亿 m^3，人均占有水资源量约为 2 200m^3，仅为世界平均水平的 1/4，每年农业生产用水缺口为 200 多亿 m^3。因地

---

　* 亩为非法定计量单位，15 亩＝1 公顷。——编者注

下水长期超采，三江平原近 10 年来地下水位平均下降 2～3m，部分区域下降 3～5m，华北平原也已形成了面积为 9 万多 km² 的世界最大地下水开采漏斗区。水资源的短缺加之农业和非农业用水的持续增长，使得我国的粮食增产受水资源短缺的制约日趋突出。

不断恶化的气候条件和频繁波动的国际粮价，加大了粮食生产的自然风险和市场风险。我国是世界上自然灾害频发的国家之一，由于农业基础条件较差，防灾减灾能力较弱，使得我国粮食生产面临着较大的自然风险。通过近 30 年来我国粮食生产有关统计数据计算得出：在 1981—1990 年的 10 年中，我国农作物平均成灾面积占受灾面积的 48.77%，1991—2000 年的 10 年中相应比率达 52.20%，2001—2010 年的 10 年中则上升为 53.51%。受全球气候变暖和自然环境恶化的影响，近年来极端天气灾害发生频繁，给我国的粮食生产带来了严重影响。仅在 2009 年秋至 2011 年春这段时间，云南、广西、贵州、四川、重庆西南五省遭遇特大干旱，不少地区的干旱程度达到 80 年一遇，部分地区则达到百年一遇；2011 年山东全省也遭遇了 60 年一遇的特大干旱，其中多个地市的干旱程度达到 100 年一遇，个别地市则达到了 200 年一遇。加入 WTO 以来，我国农业的对外开放程度不断扩大，国内粮食价格受国际粮价的影响日益明显，而近年来国际粮价的大幅波动使得我国粮食生产面临的市场风险进一步增加。

农业生产特别是粮食生产比较效益低，影响着农民从事农业生产和种粮的积极性。一是日趋拉大的农业生产收入与外出打工收入的差距，影响着农业生产的人力物力财力投入，进一步加大了农业兼业化程度。自 20 世纪 90 年代以来，农民的收入结构发生了较大变化，工资性收入的增长已成为农民收入增长的重要来源。统计显示，近 10 年来，农民的工资性收入实际增速为

22.4%，增收贡献率高达 47.2%，而且这种收入结构变化趋势将随着我国"人口红利"的逐渐消失和"刘易斯拐点"的来临而体现得愈加明显。二是长期存在的粮食作物与经济作物生产效益差，使得"与粮争地"现象时有发生。据测算，近年来我国粮食作物与经济作物生产效益比大致为：粮：棉＝1：2、粮：油（花生）＝1：3、粮：菜＝1：5，这使得生产效益较高的经济作物种植面积不断扩大，一定程度地影响了我国的粮食安全。据统计，1978 年全国粮食播种面积占农作物播种面积比例为 80.34%，到 2003 年缩减为 65.22%；2004 年国家实行种粮补贴以来，粮播面积占农播面积的比例有所回升，2010 年达到 68.38%，但仍未恢复到 10 年前的水平。三是日渐显著的农资价格与粮食价格差，降低了粮食生产效益，影响着农民粮食生产投入的积极性。据统计，近 25 年来我国的主要农资价格大概上涨了 20 倍左右，而粮食价格仅上涨了 6 倍左右。这种日渐拉大的农资与粮食价格涨幅差距，弱化了农业生产补贴的拉动作用，增加了粮食生产成本，使得粮食种植越来越无账可算，大大影响了农民粮食生产的积极性。

1.1.3 山东省对我国粮食安全的贡献逐年减小

山东省粮食生产对保障国家粮食安全意义重大。长期以来，山东省作为我国的粮食主产省份，在粮食生产和供给方面发挥着重要的作用。自 20 世纪 80 年代以来，随着长江中下游地区粮食盈余量的逐年减少，我国粮食流通格局呈现出了"北粮南运"的态势，东北地区和黄淮海地区逐渐成为我国粮食的主要供应地。据统计，近 10 年来，黄淮海地区平均粮食年产量为 17 287.88 万 t，占全国粮食总产量的 35.29%；而山东省平均粮食年产量为 3 899.30 万 t，位居黄淮海粮食生产地区的第二位，占黄淮海地区粮食产量的 22.56%。由此可见，山东省作为我国粮食重要生产省份，对国家粮食安全起着举足轻重的作用。

受种植制度的影响，山东省调出粮食数量迅速减少。近年来，随着山东省种植制度的不断调整，粮食作物播种面积比例不断减小，非粮作物播种面积比例增加迅速。据统计，近 10 年来，山东省粮食播种面积占农作物播种面积的平均比例为 63.36%，低于 67.70% 的全国平均水平。粮食播种面积比例 30 年下降了 16.5 个百分点，下降趋势明显；2003、2004 年连续两年低于 59%。尽管山东省粮食单产保持了 10 年平均 5 694.22kg/hm^2（是全国平均水平的 1.22 倍）的较高水平，但受粮食播种面积比例下降的影响，山东省粮食调出量由 2000 年的 556.53 万 t，下降到 2010 年的 512.67 万 t，年平均下降 8.55%，在保障国家粮食安全方面，主产省的作用在迅速减小。

粮食生产大省调出粮食的锐减，严重影响着我国的粮食安全。粮食安全是国家层面上安全，是以区域粮食安全，特别是区域粮食调出量为基本保障，没有粮食主产省份足量的粮食调出量，就没有国家的粮食安全。20 世纪 70 年代以来，随着广东省、浙江等省份由粮食调出省变为粮食调入省，使得我国的粮食安全面临着严重的危机。而近年来山东省粮食调出量的锐减，再次对我国粮食安全和区域种植制度的发展敲响了警钟。

1.1.4 保障粮食安全急需一些对策与措施

农业是强经济、促发展、推进步的基础性产业，粮食是保民生、稳民心、安天下的战略性商品。有效保障粮食安全是我国现代农业发展的主要任务之一，更是我国农业生产的重中之重。种植制度是农业生产的重要环节，也是粮食安全的基础保障，种植制度的可持续发展直接关系到我国粮食安全和现代农业的可持续发展。如何迎接当前我国农业生产中面临的各种新的挑战，在保障粮食安全的前提下实现种植制度的可持续发展，进而实现我国现代农业的可持续发展，是目前我国现代农业发展面临的重大课题。

　　本研究将从分析山东省种植制度演变规律、发展趋势和山东省粮食安全状况入手，从保障粮食安全的角度，全面审视山东省种植制度存在的问题，系统分析影响粮食安全和种植制度发展的经济和社会因素，提出基于粮食安全的山东省种植制度可持续发展的对策措施，为有效保障国家粮食安全、促进山东省种植制度可持续发展提供理论依据和决策支持，对推动山东省现代农业全面可持续发展具有极其重要的现实指导意义

1.2　国内外研究进展

1.2.1　种植制度的研究进展

1.2.1.1　国外种植制度研究进展

　　20 世纪中叶以来，国际上对种植制度做了大量研究。这些研究归结起来主要集中在种植模式、资源环境可持续发展、农作系统分类与评价优化三个方面。

　　有关种植模式的研究多集中在以间混套作为主的多熟制及传统技术改造升级等方面。20 世纪 60 年代以前，亚洲一些位于湿润热带地区的人多地少的发展中国家为解决温饱问题，逐步形成了以间作套种为主要特点的多熟制种植制度，较大程度地带动了国际种植制度的研究。国际水稻研究中心（IRRI）1964 年开始对东南亚湿润灌区的集约化种植制度进行了研究，并得出集约化多熟种植制度可以快速有效地提高粮食产量和增加农民收入的结论（Brady et al.，1973）。1975 年国际水稻研究中心（IRRI）组织召开了首届国际种植制度学术会议，成立了亚洲种植制度研究网，并通过定期召开种植制度年会等形式，逐步确立了种植制度的研究目标和方法（Zandstra，et al.，1981）。1976 年，在坦桑

尼亚举行的国际半干旱地区间混套作会议上，国际水稻研究中心开展的间混套作研究引起了国际上的重视，间混套作的增产效果也得到了多数与会学者的普遍肯定。大量研究证实，诸多搭配合理的间混套作模式，均能显著地提高产量和效益（Brand Field，1972；Elmore and Jackobs，1986；Mandal，et al.，1986；West and Griflith，1992；Ghafarzadeh，et al.，1994；Subedi，1997；Haugaard－Hielsen and Ambus Pand Jensen，2001）。在较低农业生产水平条件下，间混套作可以增加作物产量的稳定性，减少农业投入，培肥地力（Agboola and Fayemi，1972；Willey and Osiru，1972）；在较高农业生产水平条件下，间混套作可增加作物的总产量，提高农业资源利用率，减少农业病虫害的发生（Willey，1979；Crookston and Hill，1979；Mohta，1980；Francis，1986）；间混套作系统的优劣势是由作物之间对时间和空间的竞争与促进引起的，生产实践中应尽可能地应用作物间的促进作用，避免资源竞争带来的抑制作用（Bulson，et al.，1997）；当作物间的生态位宽度较大时，间混套作系统的促进作用较为明显，容易获得较高的产量优势（Jolliffe and Wanjaut，1999）。

有关资源环境可持续发展的研究。进入 20 世纪 80 年代后，由于资源和环境问题日趋严峻，美国提出了可持续农业发展计划，并开展了长期的低投入种植制度研究（Gardner，1989；Edwards and Greamer，1989；King，1990；Helmers et al.，1986；Crookston and Nelson，1989；A. Espinoza－ortega et al.，2007；A. Jan Jansen，2008）。试验和研究的共同主题是为不同地区探索一个长期的低投入可持续种植制度，以替代常规种植制度。但这些替代种植制度多偏重于环境保护，而忽视了经济效益，因而推广起来比较困难。20 世纪 90 年代以来，由于受可持续农业思潮和全球经济一体化的影响，原有种植制度的研究方向和评价标准开始由单纯的农业产量向可持续性、高效性发展（Modgal S. C. et al.，1995；J. M. Njoroge and J. K. Kimemia，1995；Christoffel den Biggelaar and Murari Suvedi，2000；T. P. Tiwari et al.，2004；Tor H. Aase and Ole R. Vetaas，2007；Krishna R. Tiwari et al.，2008；Natalia Eernstman and Arjen E. J. Wals，2009；Vanmala Hiranandani，2010）。与此同时，许多研究者从经济效益的角度，通过对低投入种植制度和常规种植制度进行比较研究（Martin et al.，1991；Hanson et al.，1993；Foltz et al.，1993；Smolik et al.，1995；Yao－Chi Lu et al.，1999），指出农场主往往把收益性好坏作为种植制度的重要评价标准，可持续种植制度必须能为其提供可观的利润才能被他们接受。近年来，随着人们对食物质量要求的增加，有机种植制度在发达国家的研究比较盛行，但同样因为经济效益不高而难以全面推广（Guan Zhengfei et al.，2005；Catherine Greene，2007；Patricia Clark McDaniels University of Tennessee，2009；Ika Darnhofer et al.，2010）。

　　国际上对农作系统的分类、分析评价和结构优化也开展了诸多研究。国际农业类型学委员会于 1976 年制定了分类方法与指标，将世界农作系统分为五大类和 27 个类型，而 FAO 的《全球农作系统研究》将发展中国家的农作系统归纳为 7 类：灌溉农作系统、湿润雨养农作系统、山区高原雨养混合农作系统、干旱地区小农户农作系统、大规模商品农作系统、沿海渔业混合农作系统、城郊农作系统。其中把低地稻田农作系统、经济林木混合农作系统、旱地集约农牧结合农作系统、高地粗放农作系统、温带农牧结合农作系统、牧场农作系统作为东亚和太平洋地区的主要农作系统类型，全面研究分析了全球 6 个地区农作系统存在的问题，提出了农作系统发展的战略优先序（Funes S. et al.，2001）。自 20 世纪 80 年代起，计算机模拟与优化技术在一些发达国家的农作系统研究中得到广泛应用，同时 3S（GPS、GIS、RS）技术在农作系统研究中也崭露头角（Stockle C.O.，1996；Engel T. et al.，1997；Claudio O.，2000；Christopher L. Lant，2005）。美国、日本等发达国家从宏观角度出发，利用系统模拟预测方法，通过对农业资源配置、技术配置和相关政策进行预测分析，确定了农作系统研究的方向、重点、目标和发展战略（Rowe G.，1991；Solow R.，1992；Shin T.，1994；Alexanderatos N.，1995；Martin B.R.，1995；Georoghiou L.，1996；Kuwahara T.，1999）。

1.2.1.2　国内种植制度研究进展

　　新中国成立以来，我国农业生产的发展是与种植制度的发展与变革相联系的（牟正国，1993）。长期以来，受人多地少国情的限制，我国在种植制度方面的研究主要以增加粮食产量和提高土地利用率为目标，以间套复种为主要内容的多熟制为研究重点，并具有较为鲜明的阶段性特征：20 世纪 50 年代，多为改善生产条件、增加复种指数、充分利用间混套作、轮作等种植模式来增加作物产量等方面的研究；20 世纪 60—70 年代，则强调用地与养地的结合，在进一步改善生产条件的基础上通过调整作物布局来提高作物产量；20 世纪 80 年代的研究主要集中在通过增加投入、提高单产、提高土地生产能力等措施来提高粮食产量，并向着高投入、高产量、高效益的方向发展；20 世纪 90 年代，则从高产高效种植制度的实践与理论探讨，逐步向着种植业结构调整与优化、数量质量和效益并重的方向转变；进入 21 世纪以来，我国种植制度的研究紧紧围绕高产、优质、高效、生态、安全农业生产的根本目标，以建立可持续的农业生产体系为重点，注重劳动生产率和资源利用率的同步提高，强调粮食安全和环境安全的协同发展。纵观国内有关种植制度的研究，概括起来主要包括以下几个方面：

一是围绕保障国家粮食安全的战略目标，通过优化农业生产要素配置、培肥地力、挖掘高产潜力等技术手段，改革种植制度，构建和发展高产高效种植模式，全面提高农业综合生产能力和生产效益。

间套复种在我国较为普遍，特别是自 20 世纪 80 年代兴起的立体种植模式，把我国传统的间套复种技术推向了一个新的发展阶段。刘巽浩（1992）研究表明，多熟制占全国耕地总面积的 1/2 以上，占全国播种面积的 2/3，多熟制土地上的粮、棉、油产量约占全国粮、棉、油总产量的 3/4。在 1986—1995 年的 10 年间，我国的复种指数增加了 9.7 个百分点，增加的复种面积为 12 750 万亩，其中 75% 为粮食播种面积，年增产粮食达 2 410 万 t，占同期粮食增产总量的 36.5%（王宏广等，2005）。

不少学者对复种指数的潜力做了大量研究。刘巽浩（1987）研究认为我国的复种指数在 1985 年 148% 的基础上，到 2000 年可望达到 160%。王宏广（1992）经过统计分析计算出我国耕地复种指数潜力的理论值可达 198%。刘巽浩（1997）分析认为在 1996—2010 年的 15 年期间，我国复种指数的增长潜力可达 13.4% 左右。范锦龙、吴炳方（2004）计算得出全国复种指数潜力为 198.5%。梁书民（2007）计算得出全国复种指数潜力值为 182.1%，比 2004 年实际值高出 27.9%。在区域复种指数潜力研究方面，不少学者以统计数据资料为基础，采用最大复种指数与热量、水资源之间的定量化关系模型、Mann－Kendall 检验分析、地理信息系统等技术方法，计算分析了不同区域复种指数理论潜力和可挖掘潜力（梁书民，2007；赵永敢等，2010；金姝兰等，2011；张志国，李琳 2011)。

在改革种植制度，调整作物布局，构建合理的区域间套复种模式和集约多熟模式，充分利用光温热和土地资源，特别是有效利用南方冬闲田和北方夏闲田，培肥地力，提高土地产出率和农业生产效益方面不少学者也做了大量研究（刘巽浩，韩湘铃，1980；金九连，1981；佟屏亚，1994；黄国勤，1995；陈阜，1995；曹晔等，1996；刘春堂，1996；李增嘉，1998；张雪芬等，1999；谷茂等，1999；王志敏，2000；李一平，2000；徐阳春，2000；戴治平等，2002；何铭伟，2003；王西和，2008；汤文光等，2009；骆双林，石富国，2009；周铭成等，2011)。

在农业生产要素配置方面，王宏广（1990，1991，1992）提出生产潜力九级金字塔及生产要素组合理论，对全国十二个种植制度区的农业资源和社会经济条件配置模式进行了数量组合研究，分析了区域农业生产的限制因素，进一步明确了不同种植制度区农业生产的发展方向。

在高产潜力挖掘和高产技术攻关方面，刘巽浩，王宏广（1990）通过对不同区域农田从低产到中产再到高产过程中产量与经济效益的分析，得出"千斤田"仍然具有较大的生产潜力。佟屏亚（1990）探讨了亩产吨粮的理论基础和技术措施。王树安（1994）在对 1991—1993 年全国 11 个省开展"吨粮田"定位建档追踪研究的基础上，提出了建设"吨粮田"技术路线和保障措施。中国农业大学王树安教授、王宏广教授于 1997 年提出了集约多熟"123，234 粮饲超高产工程"，即在我国一、二、三熟地区分别建立亩产 1 000kg（2 000 斤*）、1 500kg（3 000 斤）和 2 000kg（4 000 斤）的超高产粮田，来保障我国粮食安全。赵秉

---

* 斤为非法定计量单位，1 斤＝500 克。——编者注

强等（2001）通过分析得出黄淮海农区 3 种集约种植制度单位面积产量均高于该农区目前的高产吨粮田，增产幅度为 21.63%～45.28%，实现了粮食单产再创新高的突破。马洪波（2008）通过对我国二熟区典型县粮食增产基本规律分析，得出在当地高产纪录的基础上，莱州、温县、吴桥三地的冬小麦和夏玉米的单产增长空间分别为 50%、25%、30% 和 70%、33%、40%；并通过二熟区吨半田实现的基本条件分析，表明吨半田的实现在技术上是可行的。集约多熟超高产研究计划——"123，234 工程"在全国 10 个试验点的近 12 年的超高产研究结果表明：一熟区试验田已经多年多点小面积实现春玉米亩产 2 000 斤的高产目标，二熟区试验田也已多年多点稳定实现亩产 3 000 斤的高产目标，三熟区试验田虽已达到亩产 3 500 斤的高产目标，但尚不能稳定实现（张永恩，2009）。

二是围绕保障国家生态安全的战略目标，通过土地和水资源的节约利用等技术手段，改革农业生产方式，构建和发展节约型、高效型种植模式，全面提高农业资源利用率，逐步实现农业生产和资源环境的可持续发展。

陈利根（1999）分析了耕地资源可持续利用的特征，提出了耕地资源可持续利用的对策。庞英等（2004）构造了耕地产出效益系数、耕地消耗回报系数、耕地污染替代系数、耕地利用集约化系数等指标，对我国现有耕地利用效益进行了定量分析，提出了提高耕地资源利用效益的宏观对策。赵本宇等（2007）对耕地集约利用综合评价模型的构建进行了初步探讨。文森等（2007）探讨了区域耕地资源安全评价指标体系建立的原则和思路，提出了区域耕地资源安全评价指标体系。朱红波（2008）在对我国耕地资源生态安全的特征和影响因素进行分析的基础上，提出实现我国耕地资源生态安全的途径。胡浩（2009）分析了中国农户的耕地利用及效率，提出了应重视生物化学技术在我国农业发展中的应用和相关农业基础设施条件建设，在较低边际报酬地区适度扩大生产规模以获取规模经济效益。在区域耕地资源利用方面，不少学者也做了大量研究（赵月红，1997；吴凯，2001；潘成荣，等，2004；谢庭生，王芳 2007；江艳，等，2008；贺振，贺俊平，2008）。

据统计，我国农业用水量占国民总用水量 70％左右，我国灌水利用系数只有 40％，仅为发达国家的二分之一。不少学者在农业水资源节约利用方面做了大量研究，王志敏等（2003），王树安等（2007）建立了优质小麦节水高产栽培技术体系。吴普特等（2002，2007），王玉宝，等（2010）分析制约我国农业高效用水发展的主导因素，提出了"农业经济用水量"的概念和基于宏观水资源合理配置的"农业经济用水量"研究的理论基础及技术基础，并初步分析了我国未来可实现的农业经济用水量及其节水潜力。并指出雨水资源高效转化利用是我国现代节水农业发展的战略基础性工作，也是现代节水农业技术体系的重要内容之一。粟晓玲等（2008）提出了内陆河流域生态用水效益的计算方法，建立了内陆河流域基于生态效益和经济效益统一度量的水资源合理配置模型。武雪萍等（2007）在对黄河流域农业水资源与水环境现状和存在问题进行分析的基础上，提出了改善黄河流域农业水资源利用与水环境安全的技术对策。山仑等（2011）认为在充分利用降水基础上实施补充少量灌溉水的半旱地农业是解决黄淮海地区水资源短缺和实现农业生产可持续发展的一条重要出路。与此同时，部分学者还对我国现代农业节水高新技术创新的目标原则、战略定位、主要研究方向和内容等进行了论述（康绍忠，许迪，2001；康绍忠，等，2004；吴普特，等，2007）。

三是气候变化对种植制度的影响。气候变化使我国现行的农业种植制度发生较大的不确定性变化（崔读昌，1992；于沪宁，1995）。张厚轩（2000）认为全球性气候变暖将对我国的种植制度产生明显的影响，各地的热量资源将不同程度的增加，一年二熟、一年三熟的种植北界将有所北移，主要农作物的种植范围、产量、质量将会有所变化。气候变暖使得许多作物的种植界线均发生了一定程度的变化，总体表现为向高纬度和高海拔移动的趋势（云雅如，等，2007），种植界限敏感区域种植北界明显北移西扩（李克南，2010；杨晓光，等，2010），热带作物安全种植北界北移速率呈加快趋势（李勇，等，2010），而降水量的减少造成了雨养冬小麦—夏玉米稳产北界向东南方向移动（杨晓光，等，2010）。在未来 40 年，气候变化将会造成全国种植制度界限不同程度地持续北移、冬小麦种植北界持续性北移西扩；而降水量的增加将使得大部分地区雨养冬小麦—夏玉米稳产种植北界向西北方向移动（杨晓光，等，2011）。全球气候变暖使得种植界限敏感区域内作物单产有所增加（李克南，2010；赵锦，等，2010；杨晓光，等，2010）。居辉（2007）研究表明：如果不考虑 CO_2 作用和灌溉，预计到 2050 年我国雨养小麦、玉米和水稻产量将分别降低 12％～20％、15％～22％和 8％～14％，到 2080 年这种减产趋势将更为明显。金之庆等（1998）、朱大威、金之庆（2008）通过比较模拟分析，对不同生态区 CO_2 有效倍增对粮食产量的影响进行定量评价。金之庆等（1994）、熊伟等（2008）、王志强等（2008）、刘志娟（2010）分别对气候变化对我国小麦、玉米、大豆等主要粮食作物生产的影响进行了研究。张厚轩（2000）、肖风劲等（2006）则从区域布局、种植结构、农作物产量和品质及设施农业等方面分析了气候变化对我国农业生产的可能影响，并提出了相应的应对措施。

　　四是种植制度演变规律和发展方向及趋势研究。20 世纪 80

年代，刘巽浩等（1982）从中国国情出发，提出了多熟、多样、多利、多养的种植制度发展方向。90年代刘巽浩、牟正国（1993）又提出了我国种植制度的集约化、现代化、可持续化、地区化、多元化、市场化的发展方向。在全国种植制度演变与发展趋势方面，不少学者也做了大量研究（刘巽浩等，1983；牟正国，1993；叶贞琴，1992；佟屏亚，1993；洪丙夏，1995）。赵强基（1990）、黄国勤等（1997）、邹超亚（1997）则分别对不同地区的种植制度的演变与趋势进行了研究。在此基础上，吴永常（2002）对我国耕作制度15年演变规律进行了研究；李立军（2004）开展了我国耕作制度近50年演变规律研究，并预测了未来15年耕作制度的发展趋势；胡志全（2001）对我国二熟耕作区耕作制度演变规律进行了研究，并预测了未来15年耕作制度发展趋势；王宏燕（1999）、魏蔚（1999）、段红平（2000）、齐成喜（2005）分别对一熟耕作区的黑龙江省、二熟耕作区的河南省和天津市、三熟耕作区的湖南省近50年耕作制度的演变规律进行了研究，并预测了未来15年耕作制度的发展趋势，使得我国在耕作制度演变规律和发展趋势方面的研究进一步趋于系统化。《中国耕作制度70年》（王宏广，2005）系统回顾了1961—2003年世界农业和种植制度的发展演变过程，研究了1949—2003中国农业的发展过程与规律，还通过大量数据资料、典型调研、专家走访和地理信息系统分析，系统总结了1949—2003年中国及不同耕作制度区的耕作制度的演变过程和演变规律，并在模型分析的基础上，预测了未来20年全国和分区耕作制度的发展趋势，可以称得上是我国耕作制度研究的一部极具权威性的著作。

1.2.1.3　山东省种植制度研究进展

　　山东省作为我国的农业大省，种植制度具有一定的典型性和较为普遍的代表性。近年来，对山东省种植制度的研究主要集中在演变规律、发展影响因素和发展潜力等方面。

在种植制度演变规律方面，陈玉海（1993）、朱宝库（2004）、齐林等（2011）分析了山东省新中国成立以来种植制度演变历史及规律，得出山东省的农业基本生产条件得到了明显改善，人均耕地面积逐年下降，粮食作物播种面积占总播种面积的比例下降，粮食单产增长迅速，复种指数逐年上升，作物布局正由自给型向温饱型和效益型转变，提出了种植制度改革和内部协调措施。

在种植制度发展影响因素研究方面，刘岩等（2010）从山东省种植制度发展现状入手，分析了自然资源、生产条件、投入水平、人口与粮食、产业化程度、科技发展水平、政策措施等影响因素，得出了山东省种植制度尚处于半集约、半自给、半商品的发展水平，提出了通过调整布局、完善政策和提高科技水平等措施，进一步优化山东省的种植制度。

在种植制度发展潜力方面，冯志波等（2012）分析评价了山东省水土资源、自然环境、生产条件、粮食单产、复种指数等方面存在的潜力，提出了进一步依靠科技、增加投入等挖掘潜力、实现山东省种植制度可持续发展的对策建议。

1.2.2 中国粮食安全的研究现状

20 世纪 90 年代，国外一些学者开始对中国粮食安全问题进行研究（Ross Garnaut and Guonan Ma，1992），世界观察研究所 Laster Brown（1994、1995、1997）"谁来养活中国"问题的提出，再次掀起了对中国粮食安全分析的世界性研究热潮，国内外许多学者对布朗的预言做出了回应（Smil Vaclav，1996；Rozelle，S.，1996，1997；Tuan，1997；Word Bank，1997；Shirliey Fung，2000；Brian W Gould，2002；王宏广，1995；

杜受祜，1996；朱泽，1998；胡岳岷，1998；吴志华，2003；黄季焜，2004），明确指出布朗的观点不符合中国的实际，并认为中国粮食问题可忧不可怕。布朗的观点虽然有些偏颇，但从此为中国粮食安全问题敲响了警钟，并引发了学术界对我国粮食安全问题的系统深入研究。

1.2.2.1 有关农业生产领域的中国粮食安全研究

我国农业生产领域中的粮食安全研究多集中在水土资源条件和气候变化等粮食生产制约因素与粮食安全的关系方面。

在土地资源利用方面，傅泽强等（2001）分析了耕地数量变化及质量状况与粮食产能的关系，提出在 21 世纪我国粮食安全战略中必须高度重视耕地数量的保持和质量的改善。尹希果等（2004）通过对农业资源综合生产条件对粮食生产能力影响的主成分分析，得出土地因素是影响我国粮食安全最为重要的主成分。朱红波（2006）分析了粮食安全与耕地资源安全的基本内涵及其相互关系。在区域耕地资源与粮食安全研究方面，不少学者通过最小人均耕地面积和耕地压力指数的变化特点，分析了土地资源变化对我国不同省份粮食安全的影响（张耀华，等，2008；陆敬山，2009；姚鑫，等，2010；刘笑彤，2010；彭尔瑞，等，2010；张蓉珍，李龙，2010；郁科科，赵景波，2010；鲁春阳，2010）。

在水资源利用方面，柯兵等（2004）、柳长顺等（2005）分析了虚拟水在农业生产中的作用，提出了用虚拟水交易解决中国水资源和粮食问题的建议。鲁仕宝等（2010）指出虚拟水战略是解决我国水资源短缺的良好备选方案，通过虚拟水贸易可以在全球范围内进行较为合理的虚拟水资源配置，实现维护区域水资源安全和粮食安全的目标。白玮等（2010）根据虚拟水和虚拟土理论，构建了农业生产中水土资源粮食安全价值核算方法体系，并以黄淮海地区为例进行了实证分析。

在气候条件对粮食安全影响方面，彭克强（2008）对1978—2006年粮食生产与旱涝灾害之间的关系进行了研究，得出了旱灾和涝灾是我国发生频繁且对粮食生产影响最重的两大自然灾害。周力、周应恒（2011）分析了气候变化对粮食种植规模与单位产量的作用机制及粮食产地转移对粮食总供给的影响，提出实施粮食储备战略以应对特大灾害风险的建议。

1.2.2.2 有关消费与流通领域的中国粮食安全研究

在消费领域方面，张笑涓、曲长祥（1997）在回顾分析新中国成立以来粮食消费基本情况的基础上，展望了我国21世纪粮食消费趋势。谢颜、李文明（2010）从我国粮食供求形势基本状况出发，对我国粮食的消费趋势和对粮食安全的影响进行了分析研究。高启杰（2004）在对我国城乡居民家庭粮食消费结构和数量进行样本调查的基础上，计算了我国城镇居民和农村居民家庭年人均粮食消费量，分析了我国居民人均粮食消费结构和数量存在的城乡和地区间的差异。曾靖（2009）分析了我国城镇居民粮食消费状况，预测了未来我国城镇居民人口数量及其粮食消费需求量。吴乐（2011）分析了我国粮食用途、结构和消费情况，研究了对我国粮食消费趋势的影响，认为中长期内我国居民食物消费结构会不断升级，粮食消费总量呈刚性增长趋势，口粮、种子用粮稳中趋减，饲料粮、工业用粮增长迅速；稻谷、小麦消费需求略有下降，玉米、大豆消费需求快速增长的趋势明显。

在流通领域方面，帅传敏（2005）认为我国应该适当扩大进口比较优势差的农产品，以适度的国际交换，促进粮食生产和流通效率，并在放开粮食收储市场的同时，加强对国内粮食市场的管理和调控。潘岩（2009）认为粮食运输能力不足、粮食接发装卸设施落后，粮库仓型及布局不尽合理直接制约着我国粮食的流通，提出了通过协调粮食运输能力和完善不同运输方式的价格比例关系、加大对粮食物流设施的投入力度、调整优化主产区和主销区储备粮规模布局等措施，建立高效率粮食流通体系的建议。陆文聪等（2011）通过建立农业区域市场均衡模型，情景模拟研究了全球化背景下中国粮食供求区域均衡变化趋势，分析了人口、资源、经济等因素变动对我国未来十年粮食安全局势的影响，结果表明：到2020年全球粮食需求将维持稳定增长，但贸易规模难以继续扩大，我国粮食自给率受稻谷和玉米自给率的下降的影响将低于95％。

1.2.2.3 有关政策和机制领域的中国粮食安全研究

在保障粮食安全的宏观政策方面，吕新业（2003）建议建立区域平衡与协调的粮食安全体系和粮食生产与供求安全预警体系，健全和规范国家粮食储备和流通交易市场体系，并开展国家粮食安全的立法工作。王广深、谭莹（2008）分析通过不同粮食安全主体之间的博弈，指出提高种粮收益是确保中央政府在粮食安全博弈中的主动地位的策略选择。郭燕枝等（2009）认为减少我国粮食安全波动的核心是稳定粮食播种面积和粮食储备率。田建民、孟俊杰（2010）梳理了我国现行保障粮食安全的主要政策，分析了存在的问题，并提出了有针对性的政策建议。方福平等（2010）以我国2009年秋季至2010年春季西南大旱为案例，剖析了我国现行粮食生产政策中的若干问题，提出了相应的对策建议。刘成玉、葛党桥（2011）提出了我国的粮食安全政策体系建设的"最大限度、最适度、最小成本和代价、最公平、最佳可持续"5条保障原则。

2004年国家实施种粮直补政策后，有关种粮直补政策与粮食安全的研究逐渐多了起来。梁世夫（2005）研究认为我国种粮直补政策需在补贴方式、补贴对象和范围、补贴资金来源及补贴力度等方面作进一步的改进；向丽（2008）建议进一步加大粮食补贴力度、提高补贴效率、采取适度的补贴倾斜，并实行种粮直补为主、粮食价格补贴为辅的政策；朱昭霖（2008）构建了种粮收益函数，分析了粮食补贴与粮食安全和粮农收益的关系，建议了合理的种粮直补结构和最佳补贴量；潘岩（2009）提出了按粮农交售商品粮数量发放补贴、加大补贴力度、提高补贴标准和逐步扩大实行最低收购价的粮食品种和区域范围，以及参考国际粮食市场价格，合理确定最低收购价标准的政策建议；罗文娟（2010）建议将种粮直补与最低收购价有机结合，进一步完善价格支持政策。

在构建粮食安全长效机制方面，邹凤羽（2005）提出应进一步探讨构建提高农民种粮积极性与保障粮食综合生产能力以促进粮食持续增产的粮食生产与粮食安全长效机制。廖西元（2007）认为粮食生产发展的核心长效机制是构建农民增收机制。田建民（2010）提出健全和完善保障区域公平发展的粮食生产利益补偿调节政策，是我国粮食安全长效机制构建的核心所在。尹成杰（2009）对建立健全包括财政支持机制、金融支持机制、耕地保护机制、风险防范机制、价格形成机制、安全储备机制在内的粮食安全长效机制进行了系统论述。

1.2.2.4 有关中国粮食安全的分析评价和预警预测研究

在粮食安全的分析评价方面，诸多学者根据我国粮食安全的实际，从自然、社会、经济等诸多方面，结合粮食生产、储存、消费、流通、贸易等领域特征，侧重于农业生产、经济发展、社会支撑、资源环境约束、农业技术支持、可持续发展等不同角度，利用多种不同的方法构建了我国粮食安全状况评价指标体系，并对我国的粮食安全进行了综合评价，提出确保我国粮食安全的对策建议（刘晓梅，2004；农村社会经济调查司，2005；刘凌，2007；李向荣，谭强林，2008；龙方，2008；张少杰，杨学利，2010；李文明，等，2010；吴文斌，等，2010；付青叶，王征兵，2010；李光泗，等，2011）。一些学者对内蒙古、陕西、河北、山东等省级区域的粮食安全进行了分析评价（张丽慧，等，2010；吕晓虎，赵景波，2010；岳坤，等，2010；单哲，李宪宝，2011）。

不少学者在对我国粮食安全进行量化测度分析的基础上，用不同方法建立了适于我国的粮食安全预警指标体系，构建了包括粮食安全预警指标体系、预警指标权重体系、警限和警区以及粮食安全综合指数等在内的粮食供需平衡监测预警系统和粮食安全即期预警系统（李志强，等，1998；游建章，2002；张勇，等，2004；李林杰，黄贺林，2005；李梦觉，洪小峰，2009；门可佩，等，2009；陈绍充，王卿，2009；苏晓燕，2011）。陈婷（2009）、闵锐（2009）、陈静彬（2009）则利用不同方法构建了适于珠江三角洲地区、湖北省、湖南省等区域的粮食安全预警系统。

在粮食安全的预测方面，刘志澄等（1989）从我国粮食生产、消费结构出发，对我国粮食需求进行了系统分析，并分品种预测了我国粮食的发展趋势。王宏广（1993）利用修正的生态区位法系统分析了我国粮食生产潜力，预测了我国未来粮食生产情况。郜若素、马国南（1993）和卢良恕、刘世澄等（1993）以及世界银行（1997）运用趋势预测法、传统模拟法、生产函数法、弹性系数法、营养平衡法、热量需求法等方法预测了我国未来的粮食产量、消费需求和发展趋势。刘景辉（2002）在对我国粮食安全状况进行系统分析的基础上，运用回归模型和矩阵模型对我国粮食需求量、粮食单产、粮食安全发展趋势进行了预测。廖永松、黄季焜（2004）开发了 CAPSIM - PODIUM 模型，对 2020

年我国粮食需求、供给和灌溉需水量进行了多方案预测分析。蔡承智、陈阜（2004）在对新中国成立 50 年来我国的粮食作物单产进行分析的基础上，预测了我国未来 50 年粮食作物产量和人均粮食可能占有量。王宏广（2005）、褚庆全（2005）利用回归分析和时间序列分析法，在对 1961—2003 年世界粮食安全状况和 1949—2003 我国粮食安全状况进行系统分析的基础上，预测了我国未来粮食供求情况和粮食安全发展趋势。姜会飞等（2006）运用混沌理论的原理和方法对我国未来的粮食产量进行了预测。李晓东等（2007）建立了预测精度较高的基于最小二乘支持向量的时间预测模型，为粮食产量预测提供了新途径。马永欢、牛文元（2009）以系统动力学原理为基础，仿真模拟了我国 2010、2015 和 2020 年的粮食需求。彭克强、刘枭（2009）依据改革以来我国粮食安全相关指标数据，运用回归分析法，对 2020 年以前我国粮食安全形势进行了预测。刘国璧等（2009）综合灰色预测模型和 BP 神经网络预测模型的优点，建立了一种灰色神经网络模型，并对蚌埠市小麦产量进行预测。杨忍等（2009）利用灰色系统模型对陕西省未来粮食安全趋势进行了预测。陈静彬（2011）采用加权马尔柯夫链模型、回归模型、灰色系统模型，对湖南省粮食单产进行了预测。李建平、上官周平（2011）运用移动平均法，对陕西省未来 10 年粮食综合生产潜力进行了预测。

1.2.2.5 有关保障中国粮食安全的宏观思路和战略途径研究

2008 年我国制定出台了《国家粮食安全中长期规划纲要》，提出 2020 年中国粮食总产达到 5 400 亿 kg、自给率高于 95％的约束性目标，2009 年又制定了《全国新增 1 000 亿斤粮食生产能力规划》，明确提出到 2020 年全国粮食生产能力要超过 5 500 亿 kg，比 2007 年新增 500 亿 kg 粮食的规划目标。

不少学者对保障我国粮食安全的宏观思路和战略途径做了大量研究，提出了粮食安全应立足于国内自给。胡靖（1998）分析比较了我国粮食供给的自给和进口两种方式的效益与损益集合，得出我国会为粮食安全的自给方案付出越来越多的代价，但这一代价无论有多高，都不会高于以国际贸易方式来保证粮食安全的进口方案。杨正礼、梅旭荣（2005）在分析我国粮食安全基本观点的基础上，提出"以我为主"、"藏粮于田"、"农田生态保育"的保障我国粮食安全的三大战略。

一些学者提出了通过适度增加进口，来保障我国粮食安全的宏观思路和战略途径。朱晓峰（1997）认为立足国内资源、面向国际市场是解决 21 世纪我国粮食安全问题的基本方针，但要避免粮食自给率过低和过高的偏差。褚庆全（2005）提出增加粮食进口，建立境外粮食生产基地将是保障我国粮食安全的经济有效选择。姜长云（2005）认为推进市场化和适度国际化是解决我国粮食安全问题的根本出路。李丽珍、张旭昆（2005）研究认为粮食安全的底线必须国内确保，但国内粮食生产的成本已经很高，且目前我国粮食进口尚有一定的上升空间，可以通过适度扩大进口来减小保障粮食安全的代价。龙方、曾福生（2008）提出实现我国粮食安全应选择内外结合型、适度安全型和经济型的粮食安全模式。倪洪兴（2009）认为我国粮食安全政策选择必须在立足于国内基本自给的基础上，统筹利用好国内、国际两个市场和两种资源，处理好进出口贸易与合理保护的关系。赵亮、穆月英（2011）研究认为小麦进口受国内及世界粮食生产影响较为敏感，而玉米和水稻进口量因受世界产量和其他外生因素影响而不敏感，建议在世界粮食总量增长的前提下，可通过适度扩大进口量来保障我国粮食的足量供给。

在保障粮食安全和多方利益协调方面，王雅鹏（2005）分析了粮食安全和农民增收的关系，提出了有利于二者相互促进、协调发展的粮食安全路径。梁世夫、王雅鹏（2008）认为充分发挥市场在粮食生产与流通中的调节作用、保护农民种粮积极性、强化粮食生产中的资源高效利用与环境保护、节约粮食安全成本，是目前我国农业多重转型中保障粮食安全的路径选择。廖西元等（2011）提出了实现由"生产粮食"向"经营粮食"的观念转变、协调好各方利益、保障好两个制度、把握好收购加工和投入品经营的主动权、用活出口和加工转化的调节器的粮食安全实现途径建议。

在粮食保护政策方面，王雨濛、吴娟（2010）提出了通过实施粮食保护支持政策、提高粮食生产经营效益来吸引更多的资源投向粮食生产领域的粮食安全保障思路。袁海平等（2011）认为要保障我国新时期粮食安全，就要坚持走粮食生产规模化、经营产业化、服务社会化、购销市场化的粮食产业现代化新路子，培育现代粮食生产经营主体，增强粮食综合生产能力，加强粮食市场物流体系建设，完善国家对粮食的支持和保护政策体系。

在实现粮食安全的技术手段方面，王宏广等（2005）认为农业生物技术的迅猛发展将推动第二次绿色革命，为粮食安全提供技术保障。戴小枫（2010）认为依靠农业科技创新是保障我国粮食安全的必然选择和根本出路。翟虎渠（2011）认为粮食安全战略必须以科技为根本手段，以耕地保护和质量提升为基础条件，以国家政策支持为重要支撑。

1.2.2.6　山东省粮食安全研究

山东省是我国的粮食主产省份，在保障国家粮食安全方面起着举足轻重的作用。近年来，对山东省粮食安全的研究多集中在粮食安全状况分析、粮食安全的评价和预测等方面。

在山东省粮食安全状况分析方面，于书良（2004）从粮食总产、单产、面积的发展变化及三者之间的关系方面，分析了山东省粮食生产状况和面临的形势，得出了人口增长率低于粮食增产率的结论，提出了山东省确保粮食安全的对策。

在山东省粮食安全的评价、预测方面，刘笑彤、蔡运龙（2010）在计算山东省改革开放以来耕地、人口、粮食动态变化的基础上，运用预测理论对未来 15 年耕地、人口、粮食、最小人均耕地面积和耕地压力指数进行了预测。单哲、李宪宝（2011）在全面分析山东省人口变动及粮食需求现状的基础上，对粮食需求总量和结构进行了预测。

第二章 山东省种植制度演变规律与趋势研究

　　山东省是我国的农业大省和农业强省，是我国十三个粮食主产省份之一，也是全国粮食、棉花、花生、蔬菜、水果等农产品的主要生产和供应省份，农业生产条件、农业投入水平、农业生产效益均高于全国平均水平，农业经济发展水平处于全国领先地位，农业生产能力位居全国前列。改革开放以来，山东省的种植制度发生了巨大变化，在土地面积、农作物播种面积、复种指数、主要农产品产量、农作物单产、粮食播种面积比例、种植业生产投入等方面，呈现出了较为明显的演变规律和发展趋势。

2.1 山东省农业综合生产能力分析

2.1.1 农业经济发展水平处于全国领先地位

　　改革开放以来，山东省第一产业增加值、农林牧渔业总产值和农业产值均有大幅度增长，全省第一产业增加值、农林牧渔业总产值和农业产值占全国的比例一直维持在较高水平。1978年山东省第一产业增加值、农林牧渔业总产值和农业产值分别为75.1亿元、102.2亿元、84.8亿元，2010年则分别增至3 588.3亿元和6 650.9亿元和3 670.1亿元，增长幅度极为明显。山东省耕地面积仅占全国耕地总面积的6%，但是第一产业增加值、农林牧渔业总产值和农业产值占全国的比例均维持在7%以上；全省第一产业增加值占全国的比例多数年份保持在8%以上，

2005 年以来达到 9％左右；农林牧渔业总产值占全国的比例多数年份保持在 9％以上，个别年份接近 10％；全省农业产值占全国的比例波动较大，但多数年份保持在 9％以上，2003 年以来达到了 10％以上。这充分体现了山东省农业经济发展水平的全国领先地位（表 2-1、图 2-1）。

表 2-1　1978—2010 年山东省和全国产业及农业内部结构

年份	GDP（亿元）		第一产业增加值（亿元）		农林牧业渔业总产值（亿元）		农业产值（亿元）	
	全国	山东	全国	山东	全国	山东	全国	山东
1978	3 645.2	225.5	1 027.5	75.1	1 397.0	102.2	1 118.0	84.8
1980	4 545.6	292.1	1 371.6	106.4	1 923.0	160.9	1 454.1	128.8
1985	9 016.0	680.5	2 564.4	236.0	3 619.5	335.4	2 506.4	248.2
1990	18 667.8	1 511.2	5 062.0	425.3	7 662.1	645.8	4 954.3	419.5
1995	60 793.7	4 953.4	12 135.8	1 010.1	20 341.0	1 678.2	11 885.0	931.9
2000	99 214.6	8 337.5	14 944.7	1 268.6	24 916.0	2 294.4	13 874.0	1 300.1
2005	183 217.4	18 516.9	22 420.0	1 963.6	39 451.0	3 741.8	19 613.4	2 034.0
2006	211 923.5	22 077.4	24 040.0	2 138.6	40 811.0	4 058.6	21 522.3	2 283.3
2007	257 305.6	25 965.9	28 627.0	2 509.1	48 893.0	4 766.2	24 658.1	2 604.1
2008	300 670.0	31 072.1	34 000.0	3 002.7	58 002.2	5 613.0	28 044.2	2 895.7
2009	340 902.8	33 896.7	35 226.0	3 226.6	60 361.0	6 003.1	30 777.5	3 224.0
2010	401 202.0	39 169.9	40 533.6	3 588.3	69 319.8	6 650.9	36 941.1	3 670.1

资料来源：根据历年《中国统计年鉴》和《山东省统计年鉴》整理。

2.1.2　农业投入和生产条件均高于全国平均水平

改革开放以来，山东省农业机械总动力明显高于全国平均水平。1978 年全省农业机械总动力为 1 084.6 万 kW，占全国农机总动力的 9.23％，到 2010 年增长为 11 629.0 万 kW，占全国农机总动力的 12.53％；单位面积农机动力 30 多年来一直高于全国平均水平，1978 年为 1.49kW/hm²，是全国平均水平的 1.26 倍，2010 年为 15.48kW/hm²，增长为全国平均水平的 2.03 倍（图 2-2）。

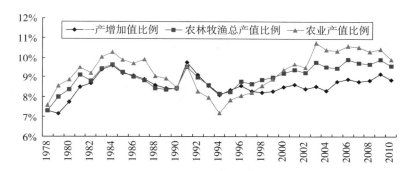

图 2-1　1978—2010 年山东省第一产业增加值、农林牧渔
总产值和农业产值占全国比例

资料来源：根据历年《中国统计年鉴》和《山东省统计年鉴》整理。

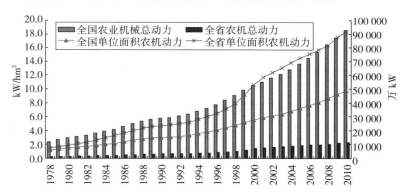

图 2-2　1978—2010 年山东省及全国农业机械总动力

资料来源：根据历年《中国统计年鉴》和《山东省统计年鉴》整理。1996—2010 年全国耕地面积按改变统计口径前 1995 年耕地面积计，2008—2010 年山东省耕地面积按改变统计口径前 2007 年耕地面积计。

改革开放以来，山东省农用化肥施用量明显高于全国平均水平。1978 年全省农用化肥施用量为 77.9 万 t，为全国施用总量的 8.81%，2010 年增长为 475.3 万 t，为全国总施用量的 8.55%；单位面积农用化肥施用量 30 多年来一直高于全国平均水平，1978 年为 0.11t/hm²，是全国平均水平的 1.22 倍，2010 年为 0.63t/hm²，增长为全国平均水平的 1.37 倍（图 2-3）。

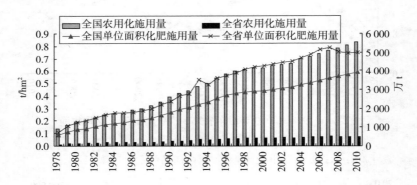

图 2-3　1978—2010 年山东省及全国农用化肥施用量

资料来源：根据历年《中国统计年鉴》和《山东省统计年鉴》整理。1996—2010 年全国耕地面积按改变统计口径前 1995 年耕地面积计，2008—2010 年山东省耕地面积按改变统计口径前 2007 年耕地面积计。

改革开放以来，山东省有效灌溉面积明显高于全国平均水平。1978 年为 441.5 万 hm²，为全国有效灌溉面积总量的 9.82%，2010 年增长为 495.5 万 hm²，为全国总面积的 8.28%；有效灌溉面积比例 30 多年来一直高于全国平均水平，1978 年为 60.5%，为全国平均水平的 1.34 倍，2010 年为 66.0%，为全国平均水平的 1.33 倍（图 2-4）。

2.1.3　农业生产能力位居全国前列

山东省是我国粮食、棉花、油料、蔬菜等主要农产品生产大

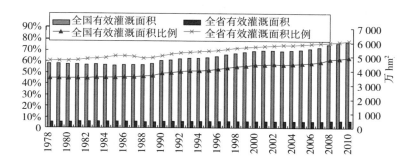

图 2-4　1978—2010 年山东省及全国有效灌溉面积

资料来源：根据历年《中国统计年鉴》和《山东省统计年鉴》整理。1996—
2010 年全国耕地面积按改变统计口径前 1995 年耕地面积计，2008—2010 年山东
省耕地面积按改变统计口径前 2007 年耕地面积计。

省，粮食单产和主要农产品产量多年以来一直位居全国前列。改
革开放以来，山东省粮食播种面积占全国总面积的比例一直维持
在 6%～8% 之间；棉花播种面积所占比例有所波动，1982—
1992 年达到 20% 以上，1993—1998 年有所回落，但多数年份基
本维持在全国棉花总播种面积的 15% 左右；油料作物播种面积
比例常年维持在 6%～8%；蔬菜播种面积所占比例 1994 年以前
为 6%～7%，1994 年以后接近于全国总播种面积的 10%，
1996—2006 年则达到了 10%～11%。1978—2010 年，山东省粮
食单产一直高于全国平均水平，特别是 2003—2010 年山东省粮
食单产水平一直维持在全国平均水平的 1.2 倍以上；粮食产量基
本维持在全国总产量的 7%～8%；棉花产量长时间维持在全国
总产量的 10% 以上，1981—1991 年曾一度超过全国总产量的
20%；油料产量也一直维持在全国总产量的 10% 以上；蔬菜产
量绝大多数年份占到全国总产量的 10% 以上，1993—2010 年占
到了全国总产量的 15% 左右（表 2-2，图 2-5、图 2-6）。

表 2 - 2　1978—2010 年山东省主要农产品产量及占全国比例

年份	粮食		棉花		油料		蔬菜	
	总产量（万 t）	占全国比例（%）	总产量（万 t）	占全国比例（%）	总产量（万 t）	占全国比例（%）	总产量（万 t）	占全国比例（%）
1978	22 880.0	7.5	15.4	7.1	95.9	18.4	713.7	13.5
1980	23 840.0	7.4	53.7	19.8	143.0	18.6	674.8	13.4
1985	31 377.0	8.3	106.2	25.6	267.9	17.0	1 045.6	9.5
1990	35 700.0	8.0	102.8	22.8	212.1	13.1	1 401.2	8.3
1995	42 450.0	9.1	47.1	9.9	315.0	14.0	3 694.8	14.4
2000	38 377.0	8.3	59.0	13.4	356.9	12.1	7 256.8	16.3
2005	39 173.8	8.1	84.6	14.8	363.9	11.8	8 607.0	15.2
2006	40 929.7	8.2	102.3	13.6	328.2	12.4	8 026.4	14.9
2007	41 487.6	8.3	100.1	13.1	328.6	12.8	8 342.3	14.8
2008	42 605.0	8.1	104.1	13.9	340.6	11.5	8 635.0	14.6
2009	43 163.0	8.1	92.1	14.4	334.5	10.6	8 937.2	14.5
2010	43 357.0	7.9	72.4	12.1	342.2	10.6	9 030.7	13.9

　　资料来源：根据历年《中国统计年鉴》和《山东省统计年鉴》整理。1990 年蔬菜产量占全国比例为根据蔬菜播种面积推算值。

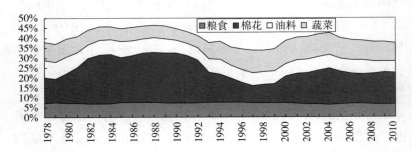

图 2 - 5　1978—2010 年山东省主要农作物播种面积占全国总面积比例
　　资料来源：根据历年《中国统计年鉴》和《山东省统计年鉴》整理。

2.1.4　农业生产效益高于全国平均水平

改革开放以来，山东省农民人均纯收入一直高于全国平均水平，特别是 2003—2010 年，山东省农民人均纯收入一直维持在全国平均水平的 1.2 倍左右。1995—1999 年，山东省农业增加值占农林牧渔业增加值的比例低于全国平均水平，2000—2010年山东省农业增加值增长较快，占农林牧渔业增加值的比例也超出了全国平均水平，这充分体现了山东省较高的农业生产效益（表 2-3）。

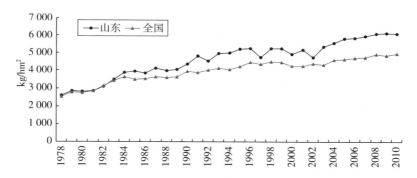

图 2-6　1978—2010 年山东省及全国粮食单位面积产量

资料来源：根据历年《中国统计年鉴》和《山东省统计年鉴》整理。

表 2-3　1995—2010 年山东省及全国农业增加值
比例和农村居民人均纯收入

年份	农林牧渔业增加值（亿元）		农业增加值（亿元）		农业增加值比例		农村居民人均纯收入（元）	
	全国	山东	全国	山东	全国	山东	全国	山东
1995	12 135.8	1 010.1	7 718.4	555.6	63.6	55.0	1 577.7	1 715.1
2000	14 944.7	1 268.5	8 892.1	761.1	59.5	60.0	2 253.4	2 659.2
2005	22 420.0	1 963.5	12 398.3	1 154.5	55.3	58.8	3 254.9	3 931.0

（续）

年份	农林牧渔业增加值（亿元）		农业增加值（亿元）		农业增加值比例		农村居民人均纯收入（元）	
	全国	山东	全国	山东	全国	山东	全国	山东
2006	24 040.0	2 168.5	13 558.6	1 279.4	56.4	59.0	3 587.0	4 368.0
2007	28 627.0	2 536.0	16 002.5	1 501.3	55.9	59.2	4 140.4	4 985.3
2008	33 702.0	3 003.0	18 165.4	1 696.7	53.9	56.5	4 761.0	5 641.4
2009	35 226.0	3 226.6	19 726.6	1 884.4	56.0	58.4	5 153.2	6 118.8
2010	40 497.0	3 588.3	23 609.8	2 145.8	58.3	59.8	5 919.0	6 990.3

资料来源：根据历年《中国统计年鉴》和《山东省统计年鉴》整理。

2.1.5 2010 年山东省农业发展水平分析

2010 年山东省人均耕地面积为 0.078 3hm²，低于全国 0.088 8hm² 的平均水平。多年平均水资源总量仅有 303 亿 m³，约占全国水资源总量的 1%，人均水资源占有量约为 320m³，不足全国人均水平的 1/6（表 2-4）。

2010 年全省有效灌溉面积比率为 66.0%，是全国平均水平的 1.33 倍；单位耕地面积化肥使用量为 0.63t/hm²，是全国平均水平的 1.36 倍；单位耕地面积农机总动力为 15.5kW/hm²，是全国平均水平的 2.04 倍；耕种收综合机械化水平达到 77%，比全国平均水平高出 25 个百分点，粮食生产综合机械化水平达到 87%；农业科技贡献率达 58%，高出全国平均水平 6 个百分点（表 2-4）。

2010 年全省第一产业增加值占全省国内生产总值的 9.2%，低于全国 0.9 个百分点；粮食作物播种面积占农作物总播种面积的 65.5%，比全国低 2.9 个百分点；农业就业人员占农村就业人员的 65.4%，比全国低 2 个百分点（表 2-4）。

2010 年全省粮食作物播种面积 708.48 万 hm²，总产 4 335.7

万 t，居全国第三位；全省棉花播种面积 76.64 万 hm²，总产
72.4 万 t，居全国第二位；全省花生播种面积 80.50 万 hm²，总
产 339.0 万 t，居全国第二位；全省瓜菜播种面积 205.15 万
hm²，总产 10 385.7 万 t，居全国第一位；全省水果产量 1 438.9
万 t，居全国第五位；粮食单产达 6 120kg/hm²，是全国平均水
平 1.23 倍。全省农林牧渔业总产值达 6650.9 亿元，农林牧渔业
增加值达 3588.3 亿元，位居全国第一位。第一产业占 GDP 的比
重为 9.2%，农业产值占农林牧渔业总产值的 55.2%，比全国平
均水平高 1.9 个百分点；农业增加值占农林牧渔业增加值的
59.82%，高出全国平均水平 1.49 个百分点；农村住户人均纯收
入 6 990 元，是全国平均水平的 1.18 倍（表 2-4）。

2010 年全省耕地流转面积 44.4 万 hm²，涉及农户 171 万
户；全省农民专业合作社 4.3 万个，入社农户 350 万户，占全省
农户总数的 11.8%，高出全国平均水平 1.8 个百分点；各类种
养大户 17 680 个；全省规模以上龙头企业 8 000 多家，销售收入
超过 1 万亿元；全省规范农产品批发市场 505 个，其中农业部定
点批发市场 60 个。农民专业合作社数量、规模以上龙头企业数
量和规范农产品批发市场数量均位居全国首位（表 2-4）。

表 2-4　2010 年山东省农业和种植制度指标

指　标　名　称	山东省	全　国	与全国比较
自然条件			
人均耕地（hm²）	0.078	0.091	−0.013
人均水资源（m³）	324.4	2 310.4	1/7
复种指数（%）	144.0	132.0	+12
粮播面积/农播面积（%）	65.5	68.4	−2.9

（续）

指　标　名　称	山东省	全　国	与全国比较
瓜菜面积/农播面积（%）	19.0	13.3	+5.7
粮食总产（万 t）	4 335.7	54 647.7	第3位
粮食单产（kg/hm²）	6 120	4 974	1.23 倍
农业生产条件			
单位面积化肥施用量（t/hm²）	0.63	0.46	1.36 倍
有效灌溉面积比例（%）	66.0	49.6	1.33 倍
农机总动力（kW/hm²）	15.5	7.6	2.03 倍
耕种收综合机械化水平（%）	77	52	+25
农业科技贡献率（%）	58	52	+6
经济社会条件			
农业就业人员/乡村就业人员（%）	65.4	67.4	−2.0
第一产业增加值/地区生产总值（%）	9.2	10.1	−0.9
农业产值/农林牧渔产值（%）	55.2	53.3	+1.9
人均GDP（元/人）	41 106	29 992	1.37 倍
农村居民家庭人均纯收入（元）	6 990	5 919	1.18 倍
农民专业合作社总数（万个）	4.3	36	第一位
入社户数/农民总户数（%）	11.8	10	+1.8

资料来源：根据《2011 年中国统计年鉴》、《2011 年山东省统计年鉴》和山东省农业信息网有关数据整理。

2.2　山东省种植制度发展的主要阶段

新中国成立以来，山东省的农业得到了快速发展，种植制度也经历了前所未有的巨大变化。回顾 60 多年来山东省种植制度的发展历程，大致可分为恢复、调整、快速发展和结构优化四个阶段。

2.2.1　恢复阶段（1949—1965 年）

新中国成立后，山东省的农业生产得到了恢复发展。这一时期，农业发展以增施肥料、兴修水利、防治病虫害、推广优良品种、繁殖耕畜和家畜，修补农具、扩大耕地面积、开展农业科学研究等为重点，全省农业水平得到了迅速的恢复和发展，复种指数达到 147.42。到 1957 年，种植业总产值达到 50.5 亿元，农林牧渔业产值比例分别为 85.6％、2.4％、9.7％ 和 2.3％。1958—1961 年的"大跃进"导致了全省农业发展水平的回落，随着"农业八字宪法"的提出，极大地调动了农民生产积极性和农业科技人员技术服务的积极性，农业生产得到逐步恢复和发展。这一阶段，粮食生产波动上升，粮食产量由 1949 年的 790.5 万 t 上升到 1965 年的 1 250.0 万 t，除了大豆产量下降以外，小麦、玉米、薯类、棉花、花生的产量分别增长了 64％、126％、114％、219％、111％。

表 2-5　1949—1965 年山东农业经济及作物产量变化

单位：亿元，万 t

年份	农林牧渔总产值	农业总产值	牧业总产值	渔业总产值	粮食产量	小麦产量	玉米产量	大豆产量	薯类产量	棉花产量	花生产量
1949	20.1	18.0	1.7	0.3	790.5	208.1	87.9	93.4	11.2	6.2	31.7
1950	26.4	23.9	2.0	0.4	1 085.5	234.5	103.4	150.4	13.2	10.6	66.3
1955	45.0	40.1	3.4	0.9	1 351.0	311.7	175.6	153.4	23.9	21.0	103.9
1960	26.3	23.3	1.7	1.1	911.5	274.0	74.9	77.0	26.5	8.0	20.4
1965	50.5	42.9	5.8	1.3	1 250.0	341.3	199.0	73.0	24.0	19.8	66.8

资料来源：根据历年《山东省统计年鉴》整理。

在这一时期的山东省种植业中，两年三作制一直是种植制度的主体，其面积占耕地面积的 2/3 左右，此外尚有少数的一年一作及一年两作制。粮食作物一般以春夏播杂粮与冬小麦轮作倒茬，两年三作；经济作物棉花、花生等基本上是一年一作。两年三作主要是：春播高粱或谷子—冬小麦—夏播大豆或玉米，春播小杂粮—冬小麦—夏大豆，春播杂粮—大麦或豌豆—夏甘薯或杂粮、夏花生。一年一作主要是：棉花、春花生、春甘薯。一年两作主要是：冬小麦—夏玉米或夏杂粮，以及春播瓜菜—夏播秋菜等。这一时期，以种植粮食作物为主，粮食播种面积比例在85％以上，经济作物仅占11％左右（表2-5）。

2.2.2 调整发展阶段（1966—1978年）

这一时期，虽然受"文化大革命"的影响，但通过贯彻"农村工作六十条"和开展"农业学大寨"运动，农田基本建设有了很大发展，通过改革种植制度，总结推广和大力发展间、套、复种。到70年代末期，带田种植已成为山东省麦田区的一种主要种植方式，熟制也发生了明显变化，一年一熟制占48％，比50年代减少了36个百分点；一年两熟制占34％，增加了25个百分点；两年三熟制占18％，增加了13个百分点。这一阶段，仍然以种植业为主，种植业中粮食仍然占有最大的比重。到1978年，农、林、牧、渔业产值比例分别为82.9％、1.8％、11.9％、3.4％，粮食播种面积略有下降，经济作物播种面积略有增加，粮食产量由1 469.5万t增加到2 250万t，增加了53％，其中小麦产量增加了134％，玉米产量增加了101％，棉花和花生产量下降了24％和2％（表2-6）。

表2-6 1966—1978年山东农业经济及作物产量变化

单位：亿元，万t，万hm²

年份	农林牧渔总产值	农业总产值	粮食作物面积	经济作物面积	粮食产量	小麦产量	玉米产量	棉花产量	花生产量
1966	55.9	46.1	956.40	138.40	1 469.5	343.2	305.1	20.2	95.9
1970	66.8	55.8	935.00	133.53	1 492.0	319.4	287.5	27.2	77.8
1975	93.4	75.9	920.53	138.80	2 000.0	656.2	490.5	24.1	82.7
1978	102.2	84.8	880.80	142.53	2 250.0	803.4	612.0	15.4	93.9

资料来源：根据历年《山东省统计年鉴》整理。

2.2.3 快速发展阶段（1979—1998年）

十一届三中全会以后，农村普遍实行了家庭联产承包责任制，加之国家提高了农产品的收购价格，大大激发了农民从事农业生产的积极性，全省各地进行了以提高单产、提高土地生产力为主的种植制度改革，促进了粮食产量的大幅度上升。早熟品种引进和晚播高产技术的推广，使得全省一年两作的面积迅猛扩大。1990 年，一年两作面积占总耕地面积的 48%，一年一作面积约占 26%，两年三作面积约占 23%，还有少量一年三作以上的粮菜套种农田，分布在城市郊区及平原高产区。在轮作模式上，一年两作以冬小麦—夏玉米为主，亦有麦田套种棉花、花生，或夏播甘薯、谷子、高粱、秋菜等。期间，间套种技术得到极大发展，出现了多种典型的种植模式，主要有粮—粮型，如小麦间作玉米套种大豆（或谷子），小麦套种越冬菜间作玉米、再间作大白菜等；粮—棉型，如小麦间套大蒜、间作棉花再间套绿豆（小豆）等；粮—油型，如小麦套种越冬菜间作花生、再套种西瓜，小麦套种西瓜、套种花生再间套玉米等；粮—烟型，如小麦间套越冬菜、套种黄烟、间套甘薯等，另有粮菜、粮肥、粮果、粮菌、粮桐、粮枣等间套复种类型作为有益补充。此外，幼龄果园中套种花生、西瓜、大豆、小麦等低秆作物也逐渐迅速发展起来。

表 2 - 7　1979—1998 年山东省农作物播种面积变化

单位：万 hm²

年份	农作物总播面	粮作面积	经作面积	薯类面积	油料面积	蔬菜面积
1979	1 066.467	873.467	143.467	146.147	60.547	29.820
1980	1 057.133	847.467	163.933	127.487	66.427	29.000
1985	1 086.133	798.427	243.533	82.113	97.900	30.667
1990	1 088.267	815.193	230.067	74.313	72.733	36.153
1995	1 083.730	813.160	160.380	59.680	87.980	85.550
1998	1 113.800	813.250	134.021	52.280	85.880	132.45

资料来源：根据历年《山东省统计年鉴》整理。

由于间套复种的发展，使农作物的总播种面积不断增加，到 1998 年，山东省农作物总播种面积已经达到 1 113.82 万 hm^2，粮食面积略有下降，油料作物和蔬菜面积增加。其中，蔬菜面积增长最为迅速。从 80 年代后期开始，山东省的蔬菜业发展迅速，以保护地为主的蔬菜业已经成为农村经济发展和农民增收的重要产业和途径。1988 年农业部正式提出"菜篮子"工程时，寿光市的蔬菜面积已发展到 2.00 万 hm^2，现已成为蔬菜栽培面积 5.33 万 hm^2，年产 40 亿 kg，年蔬菜收入 35 亿元的"中国蔬菜第一乡"。1979—1998 年，山东蔬菜播种面积由 29.82 万 hm^2 增加到 132.45 万 hm^2，增长了 344.2%（表 2-7）。

在这一阶段，虽然全省粮食播种面积有所减少，但由于粮食单产水平的持续提高，使得粮食总产不断增加，连续多年突破 4000 万 t 大关，1996 年山东省粮食总产达到 4 332.7 万 t 的历史最高水平。

2.2.4 结构优化阶段（1999—2010 年）

1998、1999 连续两年山东省粮食总产都在 4 200 万 t 以上。粮食的连年丰收，出现了"卖粮难"现象。2000—2002 年期间是种植结构调整和粮食调减时期，粮食总产随着种植面积的减少连续下降，两年共计减少 676.3 万 t，2002 年粮食总产下降到 3 292.7 万 t。与此同时，经济作物的种植面积持续扩大，蔬菜和水果成为农民种植业增收的重要途径。到 2010 年，全省保护地面积超过 50 万 hm^2，是 1990 年的 15 倍多；节能型日光温室面积达到 13 万 hm^2，是 1990 年的 400 多倍。全省蔬菜播种面积由 1999 年的 147.74 万 hm^2 增加到 2010 年的 177.08 万 hm^2，增加了 20%（表 2-8）。

表 2 - 8　1998—2010 年山东省农业经济及农作物播种面积变化

单位：亿元，万 hm², 万 t

年份	农林牧渔总产值	农业总产值	渔业总产值	水产品产量	粮食面积	果园面积	蔬菜面积
1999	2 203.0	1 254.9	330.2	695.05	809.93	78.260	147.74
2000	2 294.3	1 300.4	599.2	698.23	777.24	76.43	178.84
2005	3 741.8	2 034.0	1 125.0	736.10	671.17	76.790	184.77
2010	6 650.9	3 670.1	1 774.5	783.80	708.48	58.099	177.08

资料来源：根据历年《山东省统计年鉴》整理。

表 2 - 9　1998—2010 年山东省主要农产品产量变化

单位：万 t

年份	粮食	小麦	玉米	薯类	棉花	油料	肉类	牛奶	禽蛋	水产品
1999	4 269.0	2 117.7	1 551.4	330.3	33.9	320.5	245.5	23.3	349.1	695.1
2000	3 837.7	1 860.0	1 467.5	262.2	59.0	356.9	560.2	45.7	366.2	698.2
2005	3 917.4	1 800.5	1 735.4	199.1	84.6	363.2	753.9	187.1	441.8	736.1
2010	4 335.7	2 058.6	1 932.1	189.3	72.4	342.2	704.4	253.1	384.3	783.8

资料来源：根据历年《山东省统计年鉴》整理。

随着人民生活水平的迅速提高，市场需求结构发生巨变，畜产品的消费量增幅较为明显，致使畜禽产品供不应求的矛盾越来越突出，畜产品价格的上升以及经济效益的显著，大大刺激了畜牧业的发展。2010 年，山东省肉类、牛奶、禽蛋、水产品的产量分别增长了 188%、986%、10%、13%。10 多年间，粮食总产变化不大，小麦总产基本持平，玉米产量增加明显，由 1999 年的 1 551.4 万 t 增加到 1 932.1 万 t，增长了 25%（表 2 - 9）。

从种植制度发展趋势看，山东省的种植结构趋于多样化，农作物种类、品种越来越多，相应地间套作等复种方式趋于多样化。出现了粮粮、粮菜、粮棉、粮油、粮饲、粮果、粮药、林果、林药、林菌、林花等多种种植方式。逐渐形成了纯粮多作、套作和单作模式、粮经模式、粮蔬模式、粮药模式、粮林果模式、农牧结合模式、庭院农作制模式和设施农作制模式等多种类型的农作制模式。

2.3 山东省经济结构及农业内部结构演变规律

改革开放以来，山东省的经济结构及农业内部结构都发生了很大的变化，主要变现为：第一产业比重下降速度较快，30多年下降了24.1%；第三产业比重迅速增加，增长了22.8%；第二产业增长相对较小，只增长了1.3%。在农业内部结构变化中，种植业比重下降25.39个百分点，林业比重变化不大，畜牧业和渔业比重增加15.89和9.91个百分点。

2.3.1 在经济结构中，第一产业下降24.1%，第三产业增长22.8%

改革开放以来，山东省经济结构发生了巨大变化，第一产业比例快速下降，第三产业比例增长趋势明显。其中，第一产业、第二产业和第三产业的比例分别由1978年的33.3%、52.9%、13.8%变为2010年的9.2%、54.2%、36.6%；第一产业的比重下降速度比较快，30多年下降了24.1%；第三产业增长了22.8%；第二产业增长相对较小，只增长了1.3%。1978—1983年，全省第一、三产业呈上升趋势，第二产业比重下降较快；1983—1989年，第二、三产业呈增长趋势，第一产业比重下降较快；1989—1991年第一、三产业比重增加，第二产业比重迅速下降；1991—2002年第二、三产业比重上升缓慢，2002—2004年第二产业比重迅速上升，第三产业比重迅速下降；

2004—2010 年第二产业比重呈现缓慢下降趋势，第三产业比重呈现上升趋势；1991—2010 年第一产业呈现逐年下降的趋势（图 2-7）。

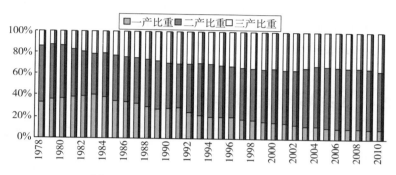

图 2-7　1978—2010 年山东省经济结构

资料来源：根据历年《山东省统计年鉴》整理。

2.3.2　在农业内部结构中，种植业下降 25.39%，畜牧业和渔业增加 15.89%和 9.91%

1978—2010 年，山东省农业取得了巨大的成就，农业内部

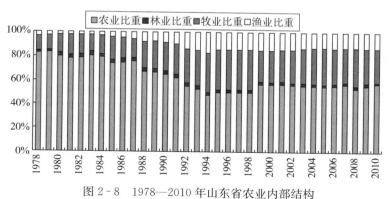

图 2-8　1978—2010 年山东省农业内部结构

资料来源：根据历年《山东省统计年鉴》整理。

结构也发生了巨大变化，主要表现为种植业比重持续下降，牧业和渔业比重增加，林业比例变化不大。其中，种植业占农林牧渔业总产值的比重明显下降，由 1978 年的 82.93％下降到 2010 年的 57.54％，下降了 25.39 个百分点；林业比重相对变化较小；畜牧业和渔业增长比较明显，分别由 1978 年的 11.93％、3.38％增长到 2010 年的 27.82％、13.29％，分别增长了 15.89 和 9.91 个百分点（图 2-8）。

2.4 山东省耕地面积的变化趋势

改革开放以来，山东省耕地面积不断减少，人均耕地面积逐年降低，且明显低于全国平均水平。耕地面积由 729.64 万 hm² 下降为 632.15 万 hm²，人均耕地面积由 0.101 9hm²/人减少为 0.078 3hm²/人。1978 年，山东省耕地面积为 729.64 万 hm²，占全国耕地总面积的 7.34％；2010 年底全省耕地总面积为 632.15 万 hm²，占全国耕地面积的 5.19％；30 多年耕地面积减少了 97.49 万 hm²，相当于 1.5 个山东省最大粮食生产地市——

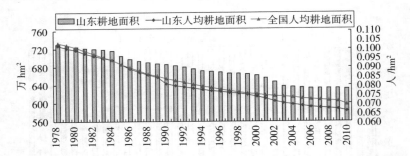

图 2-9 1978—2010 年山东省耕地面积及人均耕地面积

资料来源：根据历年《中国统计年鉴》和《山东省统计年鉴》整理。1996—2010 年全国耕地面积按改变统计口径前 1995 年耕地面积计，2008—2010 年山东省耕地面积按改变统计口径前 2007 年耕地面积计。

德州市的耕地面积。30 多年来，山东省人均耕地面积随着耕地面积的减少和人口的增加也呈现出逐年减少的趋势。1978 年全省人均耕地面积为 0.101 9hm²/人，为全国平均水平的 98.64%；2010 年全省人均耕地面积减少为 0.078 3hm²/人，仅为全国平均水平的 88.20%（图 2-9）。

2.5 山东省复种指数的变化趋势

改革开放以后的 30 多年来，山东省复种指数呈现先升后降的趋势。1978—1982 年，山东省复种指数由 147.2% 下降为 143.2%。1982—1986 年，全省复种指数由 143.2% 上升为 158.6%，大幅度上升趋势明显。1986—1994 年，全省复种指数以高出全国平均水平 50% 左右的幅度呈现出波动上升趋势；1995 年后再次呈现大幅度上升趋势，2000 年达到 174.5% 的最高水平；而后呈现出小幅度的下降，2008 年起又有所回升，2010 年达到 171.1%，是 1978 年的 1.16 倍，年平均增长率为 3.52%，30 多年增长 23.9 个百分点。由于复种指数增加产生的播种面积的增加，相当于增加了 2.7 个山东省最大粮食生产地市——德州市的耕地面积。

对山东省和全国复种指数进行回归分析，分别得到如下线性回归方程：

$$y_{山东省} = 0.009\ 1x_{山东省} + 1.455\ 8 \quad (R^2 = 0.877\ 5)$$

方程（2-1）

$$y_{全国} = 0.006\ 7x_{全国} + 1.455\ 6 \quad (R^2 = 0.869\ 8) \quad 方程（2-2）$$

山东省复种指数线性回归系数为 0.009 1，大于全国的 0.006 7。可见，山东省复种指数增长幅度高于全国平均水平（图 2-10）。

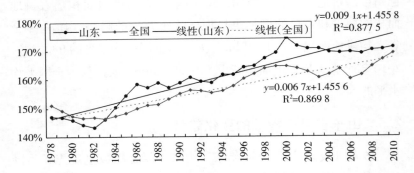

图 2-10 1978—2010 年山东省及全国复种指数

资料来源：根据历年《中国统计年鉴》和《山东省统计年鉴》整理。1996—2010 年全国耕地面积按改变统计口径前 1995 年耕地面积计，2008—2010 年山东省耕地面积按改变统计口径前 2007 年耕地面积计。

2.6 山东省主要农作物总产量和单产的变化规律

2.6.1 粮食总产增长了 89.50%，单产增加了 135.59%；因耕地减少损失粮食 1 054.5 万 t，占粮食总产的 24.32%

1978—2010 年，山东省粮食总产量由 2 288.0 万 t 增长为 4 335.7 万 t，单产由 2 597.6 kg/hm² 增长为 6 119.7 kg/hm²。改革开放以来，作为粮食主产省份山东省粮食总产逐年增长，由 1978 年的 2 288.0 万 t 增长到 1991 年的 3 917.0 万 t，1993—1999 年全省粮食总产连续突破 4 000 万 t，连续创造了有史以来全省粮食总产纪录；2000—2002 年由于全省农业结构的调整，粮食总产有较大幅度的回落；2003—2010 年粮食总产开始回升，实现了全省粮食的连续八年增产，特别是自 2004 年国家种粮补贴政策实施以来，粮食总产回升较快，2006—2010 年连续五年突破 4 000 万 t，2010 年创出了 4 335.7 万 t 的历史新纪录。从粮食单产看，除个别年份受自然灾害影响较大外，上升趋势十分明显，1978 年全省粮食单产仅为 2 597.6kg/hm²，2010 年增长为 6 119.7kg/hm²，30 多年来增长了 135.59%，年平均增长率达到 7.2%（图 2 - 11）。

从全省粮食总产和单产增长幅度可得，1978—2010 年山东省因耕地减少损失粮食 1 054.5 万 t，占粮食总产的 24.32%，可见粮食总产增长主要是由于单产提高和复种指数增加引起的。

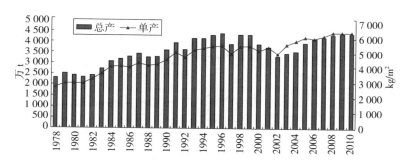

图 2 - 11　1978—2010 年山东省粮食总产和单产

资料来源：根据历年《中国统计年鉴》和《山东省统计年鉴》整理。

2.6.2　主要粮食作物总产和单产的变化规律

2.6.2.1　小麦是山东省第一大粮食作物，30 多年总产增长了 156.20%，单产增长了 167.15%

改革开放以来，山东省小麦总产呈现出较为明显的上升趋势。1978 年全省小麦总产为 803.5 万 t，2010 年上升为 2 058.6 万 t，增长了 156.20%，年平均增长比率为 7.67%；1978—1997 年全省小麦总产呈上升趋势，1997 年达到 2 241.3 万 t 的历史最高产量；1999—2002 年，全省小麦产量随着粮食总产的下降呈现大幅度下降，2002 年下降为 1 547.1 万 t；2003—2006 年，小麦产量大幅度上升，2006 年再次超过 2 000 万 t；2007—2010 年，小麦产量有所增加，但增幅极小（图 2 - 12）。

30 多年来，山东省小麦单产呈现出持续增长趋势，小麦单产水平明显高于全国平均水平。1978 年，山东省小麦单产为 2 163.4kg/hm²，是全国小麦平均单产的 1.17 倍；2010 年，全省小麦单产上升为 5 779.5kg/hm²，是全国平均水平的 1.22 倍，30 多年间小麦单产增加了 167.15％（图 2-13）。

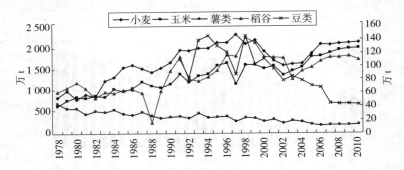

图 2-12　1978—2010 年山东省粮食作物总产量

资料来源：根据历年《中国统计年鉴》和《山东省统计年鉴》整理。

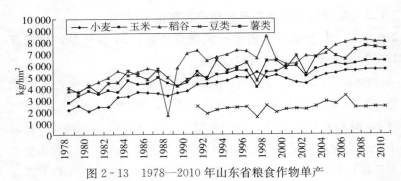

图 2-13　1978—2010 年山东省粮食作物单产

资料来源：根据历年《中国统计年鉴》和《山东省统计年鉴》整理。

对山东省和全国小麦单产进行回归分析，分别得到如下线性回归方程：

$$y_{山东省} = 111.01x_{山东省} + 2\,477.8\,(R^2 = 0.8796)$$

方程（2 - 3）

$$y_{全国} = 82.797x_{全国} + 1\,966.3\,(R^2 = 0.944\,4)$$

方程（2 - 4）

山东省小麦单产的线性回归系数为 111.01，大于全国的 82.797。可见，山东省小麦单产的增长幅度高于全国平均水平（图 2 - 14）。

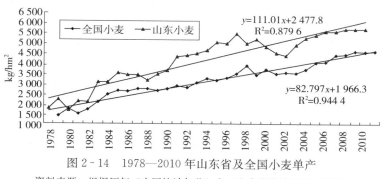

图 2 - 14　1978—2010 年山东省及全国小麦单产

资料来源：根据历年《中国统计年鉴》和《山东省统计年鉴》整理。

2.6.2.2　玉米是总产增长最快的粮食作物之一，总产增长了 215.70%，单产增长了 128.03%，面积增长对总产的贡献率为 40.66%

1978 年全省玉米总产 612.0 万 t，2010 年增长为 1 932.1 万 t，增长了 215.70%，年平均增长 9.58%。1978—1996 年全省玉米产量呈上升趋势，1996 年达到 1 603.4 万 t；1998—2002 年，全省玉米产量也随着粮食总产的降低而降低，2002 年玉米产量下降为 1 316.0 万 t；2003—2005 年全省玉米产量呈现大幅度上升，2005 年达到 1 735.4 万 t，接近于小麦产量；2006—2010 年全省玉米产量持续增长，但增幅明显变小（图 2 - 12）。

30 多年来，山东省玉米单产虽然波动较大，但增长趋势依然明显，玉米单产水平明显高于全国平均水平。1978 年，山东省玉米单产 2 867.0kg/hm²，是全国玉米平均单产的 1.02 倍；2010 年，全省玉米单产上升为 6 537.7kg/hm²，是全国平均水平的 1.20 倍，全省玉米单产增加了 128.0%（图 2 - 13）。

1978—2010 年，山东省玉米单产对总产的贡献率为 59.34%，面积对总产的贡献率为 40.66%。

对山东省和全国玉米单产进行回归分析，分别得到如下线性回归方程：

$$y_{山东省} = 97.165x_{山东省} + 3\ 496.3\ (R^2 = 0.843\ 7)$$

方程（2 - 5）

$$y_{全国} = 77.463x_{全国} + 3\ 032.3\ (R^2 = 0.861\ 4)$$

方程（2 - 6）

山东省玉米单产的线性回归系数为 97.16，大于全国的 77.46。可见，山东省玉米的增长幅度高于全国平均水平（图 2 - 15）。

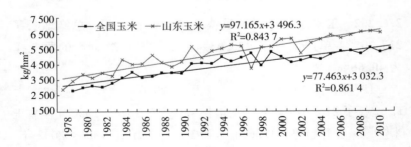

图 2 - 15　1978—2010 年山东省及全国玉米单产

资料来源：根据历年《中国统计年鉴》和《山东省统计年鉴》整理。

2.6.2.3　水稻单产和总产呈现波动式上升趋势

1978—1998 年，全省水稻产量由 60 万 t 上升到 138.9 万 t，

而后出现持续下降，到 2003 年降到 77.9 万 t；2003—2009 年全省水稻产量持续回升，2009 年达到 112.0 万 t。2010 年又回落到 106.4 万 t（图 2-12）。水稻单产在波动中呈现明显的上升趋势，分别由 1978 年的 3 873.5kg/hm² 上升为 2010 年的 8 299.5kg/hm²，30 多年增加 114.26%（图 2-13）。

2.6.2.4　薯类作物总产下降，单产上升

1978 年全省薯类作物产量为 661.0 万 t，2010 年下降为 189.3 万 t，年平均下降率为 10.58%（图 2-12）。薯类作物单产在波动中呈现明显的上升趋势，由 1978 年的 4 161.2kg/hm² 上升为 2010 年的 7 654.7kg/hm²，30 多年增加 83.95%（图 2-13）。

2.6.2.5　豆类作物产量呈现先上升后下降的趋势，单产总体变化不明显

1991—1998 年山东省豆类作物产量呈现波动增长趋势，由 107.7 万 t 增至 141.6 万 t；1999—2010 年豆类作物产量呈现显著的下降趋势，2010 年全省豆类作物产量下降为 41.1 万 t（图 2-12）。1991 年山东省豆类作物单产为 2 518.1kg/hm²，2010 年单产为 2 462.6kg/hm²，20 年来全省豆类作物单产总体变化不明显（图 2-13）。

2.6.3　主要经济作物总产和单产的变化规律

2.6.3.1　棉花总产增长了 370.13%，单产增长了 284.65%，面积对总产的贡献率为 23.09%

改革开放以来，山东的棉花总产在波动中增长。1978—1984 年，随着棉花种植效益的不断增长和棉花播种面积的逐年增加，山东省棉花总产由 15.4 万 t 增至 172.5 万 t，6 年增长了 11.2 倍，呈现出逐年大幅增长趋势；1985—1999 年，受单产和种植效益的影响，全省棉花总产呈现出逐年下降趋势，1992 年受棉

铃虫大爆发的影响全省棉花总产由 1991 年的 135.1 万 t，骤然降为 67.7 万 t，此后受棉花供求和销售情况的影响，全省棉花总产随着种植面积的减少继续下降，1997 年降至 35.4 万 t；1998—2008 年，随着棉花单产的不断增加，全省棉花总产量开始逐步回升，2008 年达到 104.1 万 t，再次突破了 100 万 t 的总产水平；2009—2010 年，受棉花种植面积和单产下降的影响，全省棉花总产又呈现出下降趋势，2010 年为 72.4 万 t（图 2 - 16）。

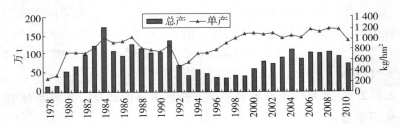

图 2 - 16　1978—2010 山东省棉花总产和单产

资料来源：根据历年《中国统计年鉴》和《山东省统计年鉴》整理。

从单产情况看，30 多年来，全省棉花单产呈现出波动中增长的趋势。1978—1987 年，山东省棉花单产上升趋势明显，1978 年全省棉花单产水平为 245.6kg/hm²，1979 年为 307.6kg/hm²，1980 年由于棉花新品种的推广种植，全省棉花单产水平猛增为 728.6kg/hm²，而后逐年上升，1987 年达到 1 007.6kg/hm²；1988—1992 年，受棉铃虫危害的影响，全省棉花单产水平呈现逐年降低的趋势，1992 年降到 454.5kg/hm²。1993—2008 年，随着抗虫棉的推广种植，山东省棉花单产又呈现出明显的逐年增加趋势，1999 年突破 1 000kg/hm²，2008 年达到 1 171.9kg/hm²；2009—2010 年，受自然灾害的影响，全省棉花单产水平略有下降，2010 年为 944.7kg/hm²（图 2 - 16）。

1978—2010 年，山东省棉花单产对总产的贡献率为

76.91%，面积对总产的贡献率为 23.09%。

2.6.3.2 油料作物总产增长了 256.83%，单产增长了 135.29%，面积对总产的贡献率为 47.32%

改革开放以来，山东省以花生为主的油料作物总产量除去个别年份受单产下降的影响外，呈现出稳定的增长趋势。1978 年全省油料总产为 95.9 万 t，1984 年增长为 182.0 万 t；1985 年由于播种面积的大幅度增加，总产达到 267.9 万 t；由于单产水平的增加，1994 年全省油料作物总产达到 338.3 万 t；受油料作物种植效益增加和种植面积上升的影响，2000—2005 年全省油料作物总产超过 350 万 t；2005 年—2010 年，受粮食和油料生产比较效益和播种面积下降的影响，山东省油料作物总产略有下降，2010 年为 342.2 万 t（图 2-17）。

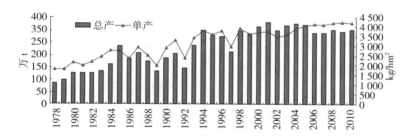

图 2-17　1978—2010 年山东省油料作物总产和单产

资料来源：根据历年《中国统计年鉴》和《山东省统计年鉴》整理。

30 多年来，全省油料作物单产水平除因个别年份受自然灾害影响，随着品种的不断改良和栽培技术的不断提高，逐年增长的趋势较为明显。1978 年山东省油料作物的单产仅为 1 782.5 kg/hm²，2010 年增长为 4 194.1kg/hm²，增长了 135.29%，年平均增长率达 7.1%（图 2-17）。

1978—2010 年，山东省油料作物单产对总产的贡献率为

52.68%，面积对总产的贡献率为 47.32%。

2.6.3.3　蔬菜总产增长了 1 172.35%，单产增长了 122.56%，面积对总产的贡献率高达 89.55%

改革开放以来，山东省蔬菜总产量阶段性变化特征明显，1978—1991 年呈现出较为平稳的阶段性特征，1992—2010 年则呈现出逐年大幅增长的趋势。1978—1984 年，全省蔬菜总产量极低，且基本维持在 600 万～700 万 t 的水平；1985—1991 年，由于单产水平的大幅上升，全省蔬菜总产有所增加，但仍基本维持在 1 000 万～1 500 万 t 的较低水平。1992—2010 年，随着农业结构的不断调整和蔬菜种植效益的增加，山东省蔬菜总产呈现出明显的逐年大幅增长趋势，总产量由 1992 年的 1 944.7 万 t，增长为 2010 年的 9 030.7 万 t，近 20 年增长了 364.37%，年平均增长率高达 24.4%；期间 2004 年全省蔬菜总产达到 8 883.7 万 t，2005 年后，随着蔬菜和粮食作物种植比较效益的降低，蔬菜总产略有下降，但自 2006—2010 年全省蔬菜总产继续呈现出逐年增长的趋势（图 2-18）。

30 多年来，山东省蔬菜单产也呈现出较为明显的阶段性变化特征：1978—1984 年为维持平稳阶段，期间全省蔬菜种植品种较为单一，单产水平基本维持在 22 000～23 000kg/hm² 的低水平上；1985—1999 年为波浪式增长阶段，期间全省蔬菜种植品种增多，年度品种变化较大，单产水平上升到 40 000kg/hm² 左右；2000—2010 年为稳定增长阶段，期间全省蔬菜种植品种基本稳定，随着蔬菜品种的更新换代和栽培技术的逐年提高，全省蔬菜单产呈现出明显的逐年稳定增加趋势，由 2000 年的 40 577.0kg/hm²，增长为 2010 年的 50 997.9kg/hm²，年增长幅度为 11.43%（图 2-18）。

1978—2010 年，山东省蔬菜单产对总产的贡献率仅为

10.45%，而面积对总产的贡献率高达 89.55%。

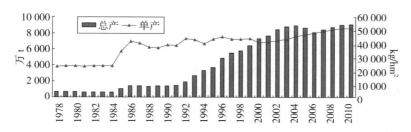

图 2-18 1978—2010 年山东省蔬菜总量和单产

资料来源：根据历年《山东省统计年鉴》整理。

2.7 山东省农作物布局演变趋势

改革开放后，山东省作物布局发生了很大的变化，主要表现为，粮食作物的种植面积比重快速下降，而非粮食作物的种植面积比重却不断增加。在粮食作物结构中，玉米的比重增加，80年代以后小麦的面积比例保持稳定，薯类和豆类的比重下降。在经济作物中，棉花等传统的经济作物比重下降，蔬菜、瓜果等新型经济作物比重增加。

2.7.1 农作物总播种面积略有增加，由 1 073.9 万 hm² 增至 1 081.8 万hm²

改革开放以来，山东省农作物总播种面积先增后减，但总体上呈现出一定的上升趋势。农作物总播种面积由 1978 年的 1 073.9 万 hm² 增至 2000 年的 1 153.2 万 hm²，而后逐年下降，2010 年全省农作物总播种面积为 1 081.8 万 hm²，30 多年仅增长 7.9 万 hm²，增长幅度为 0.74%（表 2-10）。

2.7.2 粮食作物面积减少 172.3 万 hm²，比重下降 16.55 个百分点

改革开放以来，山东省粮食播种面积和比例总体下降趋势明

显。粮食播种面积由 1978 年的 880.8 万 hm^2 减少为 2010 年的 708.5 万 hm^2，30 多年减少 172.3 万 hm^2，相当于 2 个山东省最大粮食生产地市——德州市的粮食播种面积。粮食播种面积比例由 1978 年的 82.05％减少为 2010 年的 65.5％，年平均降幅为 0.50％，高于 3.61％的全国平均水平。2000—2005 年随着全省农业结构的调整出现大幅度下降，2005 年国家施行种粮补贴政策以来，山东省粮食种植面积和比例有所回升，但距离 2000 年以前的水平还有较大差距（表 2-10）。

表 2-10　1978—2010 年山东省主要农作物种植结构

年份	农播面积（万 hm^2）	粮食		棉花		油料		蔬菜		其他作物	
		面积（万 hm^2）	比例（％）	面积（万 hm^2）	比例（％）	面积（万 hm^2）	比例（％）	面积（万 hm^2）	比例（％）	面积（万 hm^2）	比例（％）
1978	1 073.9	880.8	82.0	62.7	5.8	53.8	5.0	30.8	2.9	45.8	4.3
1980	1 057.2	847.5	80.2	73.7	7.0	66.4	6.3	29.0	2.7	40.6	3.8
1985	1 086.1	798.4	73.5	117.0	10.8	97.9	9.0	30.7	2.8	42.1	3.9
1990	1 088.3	815.2	74.9	140.9	12.9	72.7	6.7	36.2	3.3	23.3	2.1
1995	1 083.7	813.2	75.0	66.6	6.1	88.0	8.1	85.6	7.9	30.4	2.8
2000	1 153.2	777.2	67.4	54.4	4.7	95.7	8.3	178.5	15.5	47.0	4.1
2005	1 073.6	671.1	62.5	84.6	7.9	90.0	8.4	184.5	17.2	43.1	4.0
2006	1 072.8	710.9	66.3	89.0	8.3	79.4	7.4	167.9	15.7	25.6	2.4
2007	1 069.7	704.7	65.9	90.0	8.4	80.2	7.5	170.5	15.9	24.4	2.3
2008	1 076.4	695.6	64.6	88.8	8.3	81.3	7.5	172.5	16.0	38.3	3.6
2009	1 077.8	703.0	65.2	80.0	7.4	78.8	7.3	175.6	16.3	40.4	3.8
2010	1 081.8	708.5	65.5	76.6	7.1	81.6	7.5	177.1	16.4	38.0	3.5

资料来源：根据历年《山东省统计年鉴》整理。

1978 年，山东省粮食面积占农作物总面积的 82.02％，其他非粮作物面积比重很小。随着全省蔬菜种植面积的迅速增长，至 2004 年，粮食作物种植面积占农作物总面积的比重达到近 32 年的最低水平（58.59％）；此后，粮食作物面积比重有所上升，从 2004 年的 58.59％上升为 2006 年的 66.27％；2006—2010 年粮食作物比重变化不大，维持在 65％左右（图 2-19）。

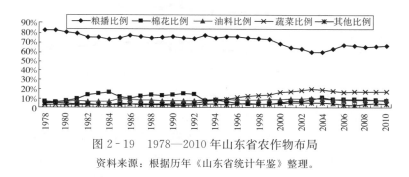

图 2-19　1978—2010 年山东省农作物布局

资料来源：根据历年《山东省统计年鉴》整理。

2.7.3　在粮食作物中，玉米面积增加 17.48 个百分点，小麦面积增加 8.11 个百分点

改革开放以后，山东省主要粮食作物小麦和玉米的种植面积占全省粮食作物种植面积比重呈上升趋势，尤其是玉米的种植比重上升幅度比较大。稻谷的种植比重基本保持不变；豆类、薯类及其他杂粮作物的种植比重均呈下降趋势。具体表现为山东省小麦的种植比重由 1978 年的 42.17％增长到 2010 年的 50.28％增长了 8.11 个百分点；玉米的种植比重由 1978 年的 24.23％增长至 2010 年的 41.71％增长了 17.48 个百分点；稻谷的种植比重基本保持不变；豆类作物的种植比重略有增加；薯类作物的种植比重呈逐年下降趋势，由 1978 年的 18.03％下降到 2010 年的 3.49％，下降了 14.54 个百分点；其他粮食作物由 1978 年的 13.80％下降到 2010 年的 0.36％下降了 13.45 个百分点（图 2-20）。

山东省的粮食作物中，按照播种面积比例排序，小麦＞玉

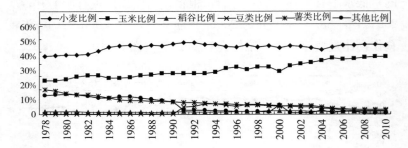

图 2-20 1978—2010 年山东省粮食作物种植结构

资料来源：根据历年《山东省统计年鉴》整理。

米＞薯类＞豆类＞水稻，小麦播种面积和比例基本稳定在350 万～410 万 hm² 和 50.0％左右，玉米播种面积和比例分别增加 82 万 hm² 和 17.5 个百分点，豆类作物播种面积和比例分别下降 36.9 万 hm² 和 4.2 个百分点，薯类作物播种面积和比例分别下降 134.2 万 hm² 和 14.5 个百分点。从粮食作物的品种结构来看，小麦、玉米是山东省的两种主要粮食作物，小麦播种面积比例高于玉米种植面积比例，薯类作物种植面积稍大于豆类作物，但近年来播种比例均不超过全省粮食作物的 5.0％，历年来水稻播种面积极小，仅占全省粮食作物的 2.0％左右（表 2-11）。

表 2-11 1978—2010 年山东省粮食作物品种结构

年份	粮播面积（万 hm²）	小麦		玉米		稻谷		豆类		薯类	
		面积（万 hm²）	比例（％）	面积（万 hm²）	比例（％）	面积（万 hm²）	比例（％）	面积（万 hm²）	比例（％）	面积（万 hm²）	比例（％）
1978	880.8	371.4	42.2	213.5	24.2	15.5	1.8	—	—	158.9	18.0
1980	847.5	366.9	43.3	214.3	25.3	17.3	2.0	—	—	127.5	15.0
1985	798.4	395.2	49.5	208.8	26.1	11.2	1.4	—	—	82.1	10.3
1990	815.2	414.7	50.9	240.5	29.5	12.4	1.5	—	—	74.3	9.1
1995	813.2	401.1	49.3	269.5	33.1	12.1	1.5	53.6	6.6	59.7	7.3

（续）

年份	粮播面积（万 hm²）	小麦		玉米		稻谷		豆类		薯类	
		面积（万 hm²）	比例（%）	面积（万 hm²）	比例（%）	面积（万 hm²）	比例（%）	面积（万 hm²）	比例（%）	面积（万 hm²）	比例（%）
2000	777.2	374.8	48.2	241.4	31.1	17.7	2.3	48.1	6.2	44.6	5.7
2005	671.2	327.9	48.9	273.1	40.7	12.0	1.8	25.2	3.8	28.2	4.2
2006	710.9	355.7	50.0	284.4	40.0	12.7	1.8	19.0	2.7	25.3	3.6
2007	704.7	351.9	49.9	285.4	40.5	13.1	1.9	17.6	2.5	23.2	3.3
2008	695.6	352.3	50.7	287.4	41.3	13.1	1.9	17.5	2.5	22.6	3.2
2009	703.0	354.3	50.4	291.7	41.5	13.5	1.9	17.1	2.4	23.8	3.4
2010	708.5	356.2	50.3	295.5	41.7	12.8	1.8	16.7	2.4	24.7	3.5

资料来源：根据历年《中国统计年鉴》和《山东省统计年鉴》整理。

2.7.4 在经济作物中，蔬菜面积增加 475.00%，棉花面积先升后降，油料作物面积略有增加

2.7.4.1 蔬菜种植面积增长 146.3 万 hm²，增加 475.00%

蔬菜种植面积由 1978 年的 30.8 万 hm² 增长为 2010 年的 177.1 万 hm²，30 多年增长了 146.3 万 hm²，相当于 1.64 个山东省最大粮食主产区——德州市的粮食播种面积；蔬菜种植面积占农作物播种面积的比例由 2.9% 增长为 16.4%，年平均增幅为 0.41%，明显高于 0.29% 的全国平均水平（表 2-10）。

2.7.4.2 棉花种植面积先上升后下降

改革开放以来，山东省棉花播种面积呈现增长趋势，棉花播种面积由 1978 年的 62.7 万 hm² 增加为 2010 年的 77.6 万 hm²，而播种面积比例出现先波动式上升然后波动式下降的变化趋势，1978—1984 年山东省棉花的种植比重由 5.84% 增长到 15.89%，增长了近三倍；1984—1986 年棉花种植比重有所下降由 15.89% 下降为 9.15% 下降了 6.74 个百分点；1986—1991 年山东省棉花种植比重呈现增加趋势，由 9.15% 增加到 14.21%；1991—1999

年比重缓慢下降，由 14.21％下降到 3.26％下降了 10.95 个百分点，1999 年—2004 年棉花的种植比重有所增加，由 3.26％增加到 8.77％，2004—2010 年山东省棉花的种植比重变化不大，维持在 8％左右（表 2 - 10）。

2.7.4.3 油料作物面积比例由 5.0％增长为 7.5％

30 多年来，山东省油料作物种植面积略有增加，由 1978 年的 53.8 万 hm² 增加为 2010 年的 81.6 万 hm²，占农作物播种面积的比例由 5.0％增长为 7.5％，年增长幅度仅为 0.08％（表 2 - 10）。

2.8 山东省农业生产物质投入变化趋势

改革开放以来，山东省农业生产取得了巨大成就，这与农业投入水平的提高是密切相关的。30 多年来，山东省化肥的施用量、农药施用量、农业机械总动力、农村用电量、农田灌溉面积、农用塑料膜等农用投入均有大幅度的增长。

2.8.1 化肥施用总量增长了 510.14％，单位面积化肥施用量增长了 604.27％

改革开放以来，山东省化肥施用量迅速提高，推动了全省粮食总产的持续增长。从 30 多年的历史数据看，山东省化肥使用总量从 1978 年的 77.9 万吨增加到 2010 年的 475.3 万吨，增加了 397.4 万吨，增长了 510.14％，年增长率为 15.46％。1978—1993 年化肥施用量增加较快，1993—1994 年化肥使用量下降，1994—2007 年迅速增加，2007—2010 年化肥使用量迅速下降并保持稳定。单位面积的化肥施用量总体与化肥使用总量的变化规律相同。1978—2010 年单位面积的化肥施用量从 106.76kg/hm²，增加至 751.88kg/hm²，增长了 604.27％，年增长率为 18.31％（图 2 - 21）。

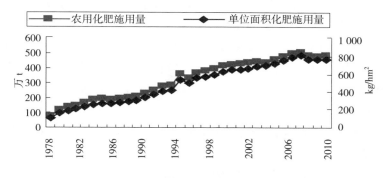

图 2 - 21　1978—2010 年山东省化肥施用量

资料来源：根据《山东省统计年鉴》整理。

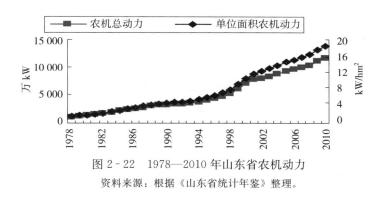

图 2 - 22　1978—2010 年山东省农机动力

资料来源：根据《山东省统计年鉴》整理。

2.8.2　农机总动力增长了 972.19%，单位面积农机总动力增长 1134.90%

1978 年以来，山东省的农业机械投入量随着全国农业机械拥有量的大幅度增长和农业机械化水平普遍提高而不断增加。1978—2010 年山东省农业机械的总动力由 1978 年的 1 084.6 万 kW 增加至 2010 年的 11 629.0 万 kW，增长了 972.19%，年增长率为 29.46%。1996 年以后，国家加强了对农业的投入力度，并出台了农机补贴政策，极大地调动了农民的积极性，从而使得农业机械的投入强度迅速增加，致使 1996—2010 年山东省单位面积的农机动力的增长速度比 1978—1996 年的较快。山东省单位面积的农机动力总体呈现上升趋势，由 1978 年的 1.49kW/hm²，增加至 2010 年的 18.40kW/hm²，30 多年增长了 1 134.90%（图 2-22）。

2.8.3 农村用电量增长了 1 043.23%，单位面积用电量增长了 1 195.71%

1978—2010 年，山东省农村用电量及单位面积农田用电量也呈现出增加趋势。山东省农村用电量由 1984 年的 38.4 万 kWh 增长到 2010 年的 439.0 万 kWh，增长了 1043.23%。1984—2010 年山东省单位面积的农田用电量的增长规律与农村用电量的变化规律大体相同，1984—1991 年增速较缓，1991—2010 年增速较快；但是农村用电量及单位面积农田用电量在 2007—2008 年出现稍微下降的趋势，单位面积农田用电量由 1984 年的 5.36kWh/hm²，增长至 2010 年的 69.45kWh/ hm²，增长了 1 195.71%（图 2-23）。

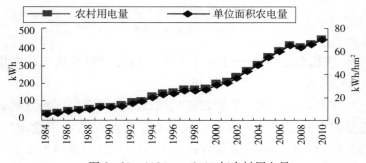

图 2-23 1984——2010 年农村用电量

资料来源：根据《山东省统计年鉴》整理。

2.8.4　有效灌溉面积增加了12.24%，比例增长了17.88个百分点

改革开放以来，山东省的农田有效灌溉面积从1978年的441.48万hm^2增长到2010年的495.53万hm^2，增长了12.24%。农田有效灌溉面积占总耕地面积的比例逐渐上升，1978年，灌溉面积占总耕地面积的比例为60.51%；2010年为78.39%。增长了17.88个百分点。1978—1986年山东省的有效灌溉面积比重增速较快；1986—1988年有所下降，1988—2010年有效灌溉面积比重逐年增加（图2-24）。

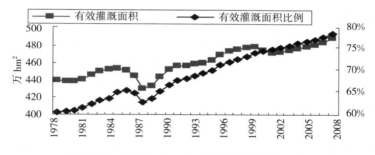

图2-24　1978—2010年山东省有效灌溉面积

资料来源：根据《山东省统计年鉴》整理。

2.8.5　农药总施用量增长了176.68%，单位面积施用量增长了199.89%

1990—2010年，山东省农药施用总量和单位面积农药施用量均呈震荡式上升趋势。20年来山东省农药总施用量从1990年的5.96万t增长到2010年的16.49万t，增长了176.68%，年增长率为8.83%，单位耕地面积农药施用量从1990年的8.70kg/hm^2，增长至2010年的26.09kg/hm^2，增长了199.89%，年增长率为9.99%（图2-25）。

2.8.6　农用塑料膜施用量增长了290.17%，单位面积施用量增

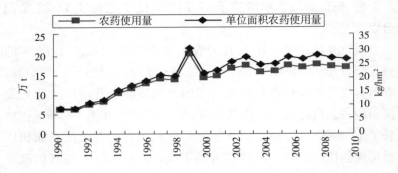

图 2 - 25　1990—2010 年山东省农药使用

资料来源：根据《山东省统计年鉴》整理。

长了 321.69%

1991—2007 年，山东省农用塑料膜及其单位面积用量的增长速度较快，2007—2010 年农用塑料膜及其单位面积用量有所下降。1991 年农用塑料膜及其单位面积用量分别为 3.56 万 t 和 5.21kg/hm²，2007 年达到 15.10 万 t 和 23.89kg/hm² 的历史最高值，分别增长了 324.16% 和 358.54%；2010 年农用塑料膜及其单位面积用量分别为 13.89 万 t 和 21.97kg/hm²，较 1991 年增长了 290.17% 和 321.69%（图 2 - 26）。

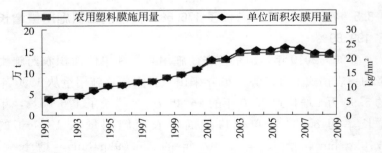

图 2 - 26　1991—2010 年山东省农用塑料膜施用量

资料来源：根据《山东省统计年鉴》整理。

2.9　全省各地市 2010 年种植结构和粮食产量分析

2.9.1　全省各地市农作物主产区相对集中，农作物生产区域化特征明显

菏泽、德州、潍坊、聊城、临沂是全省的粮食主产区。5 地市粮食种植面积均在 70 万 hm² 以上，占全省粮食种植总面积的 59.67％；其中菏泽市的粮食种植面积为 101.80 万 hm²，占全省粮食种植总面积的 14.37％。德州、菏泽、潍坊、聊城 4 个地市的粮食产量均超过了 500 万 t，其中德州市粮食产量为 704.20 万 t，占全省粮食总产量的 16.24％，是全省最大的粮食生产区（图 2 - 27、图 2 - 28）。

菏泽、滨州、东营、德州、济宁是全省的棉花主产区。5 地市棉花种植面积均在 10 万 hm² 以上，占全省棉花种植总面积的 84.79％；其中菏泽市的棉花种植面积为 18.53 万 hm²，占全省棉花种植总面积的 24.18％。5 地市棉花产量均超过了 10 万 t，其中菏泽市的棉花产量为 23.72 万 t，占全省棉花产量的 32.76％（图 2 - 27、图 2 - 28）。

临沂、烟台、青岛是全省的油料作物（花生）主产区。3 地市油料作物（花生）种植面积均在 9 万 hm² 以上，占全省油料作物（花生）种植总面积的 46.89％；其中临沂市的油料作物（花生）种植面积为 17.44 万 hm²，占全省油料作物（花生）种植总面积的 21.48％。3 地市油料作物（花生）产量均超过了 40 万 t，其中临沂市油料作物（花生）产量达到 81 万 t，占全省油料作物（花生）总产量的 23.67％（图 2 - 27、图 2 - 28）。

济宁、潍坊、聊城、菏泽、泰安、临沂、青岛是全省的蔬菜主产区。7 地市蔬菜种植面积均在 10 万 hm² 以上，占全省蔬菜种植总面积的 61.19％；其中济宁市的蔬菜种植面积为 21.95 万 hm²，

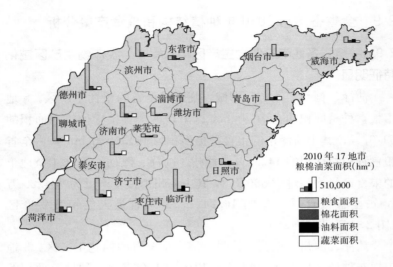

图 2-27 2010 年山东省各地市农作物播种面积

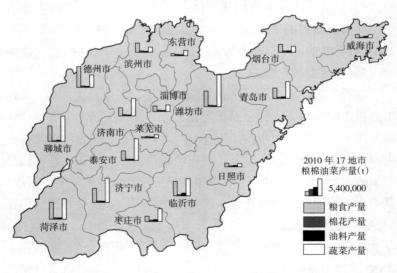

图 2-28 2010 年山东省各地市农作物产量

占全省总面积的 12.39%。潍坊、聊城、济宁、泰安 4 个地市的蔬菜产量均超过了 700 万 t，其中潍坊市的蔬菜产量达 1 089.84 万 t，占全省蔬菜总产量的 12.07%（图 2 - 27、图 2 - 28）。

2.9.2　全省各地市粮食生产能力差异较大，小麦玉米轮作是主要的粮食作物种植模式

菏泽、德州、聊城、潍坊、临沂、济宁是全省的小麦主产区。6 地市小麦种植面积均在 35 万 hm² 以上，占全省小麦种植总面积的 61.64%；其中菏泽市小麦种植面积达 61.77 万 hm²，占全省小麦种植总面积的 17.34%；6 地市小麦产量均在 200 万 t 以上，占全省小麦总产量的 79.72%。德州、潍坊、聊城、菏泽是全省的玉米主要种植区。4 个地市玉米种植面积均在 35 万 hm² 以上，占全省玉米种植总面积的 52.75%；4 地市玉米产量均在 190 万 t 以上，占全省玉米总产量的 55.84%（图 2 - 29、图 2 - 30）。

全省水稻种植面积仅为 12.82 万 hm²，主要集中在济宁和临沂 2 市，2 市水稻产量占全省水稻总产量的 77.89%。全省豆类种植面积为 16.61 万 hm²，主要集中在临沂、济宁、菏泽 3 个地市，其豆类产量占全省总产量的 53.56%。全省薯类种植面积为 24.73 万 hm²，主要集中在临沂、济南、烟台、济宁 4 个地市，其中临沂市种植面积为 5.23 万 hm²，占全省薯类面积的 21.14%；4 地市薯类产量占全省薯类总产量的 41.04%（图 2 - 29、图 2 - 30）。

从全省各地市粮食作物种植结构来看，小麦玉米轮作是主要的种植模式。全省小麦玉米轮作面积达 82.97%，其中济南、青岛、淄博、潍坊、东营、威海、德州、聊城、滨州 9 个地市小麦玉米轮作面积均为 90% 以上（图 2 - 29、图 2 - 30）。

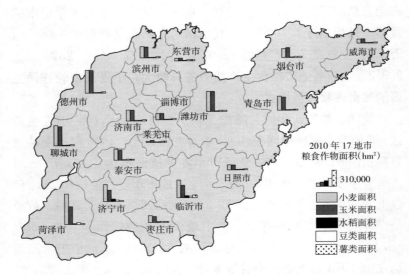

图 2 - 29　2010 年山东省各地市粮食播种面积

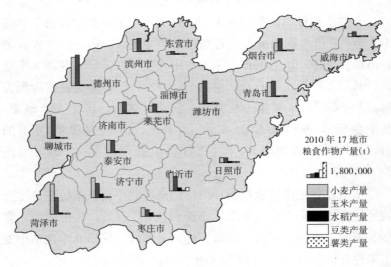

图 2 - 30　2010 年山东省各地市粮食产量

2.9.3　全省各地市受区域自然资源和生产条件的影响，农作物单产差别较大

受区域自然资源和生产条件的影响，莱芜、菏泽2市的粮食单产低于6 120kg/hm² 的全省粮食单产平均水平，济南、威海2地市的粮食单产略高于全省平均单产水平；而其他13个地市的粮食单产水平均高于全省平均单产水平，其中德州市粮食单产最高，为全省平均单产的1.29倍。莱芜、菏泽、烟台、威海、日照5地市的小麦单产低于5 780kg/hm² 全省平均水平；莱芜、菏泽2市的玉米单产低于6 538kg/hm² 的全省玉米单产平均水平；德州市的小麦、玉米单产均为全省最高，分别为全省平均水平的1.30和1.27倍；济宁、临沂、菏泽3市的水稻单产高于8 294kg/hm² 的全省平均水平。东营市棉花单产低于954kg/hm² 全省平均水平，潍坊、临沂、德州、青岛、枣庄、济宁、泰安、日照的油料（花生）单产均高于4 193kg/hm² 的全省平均水平（图2-31）。

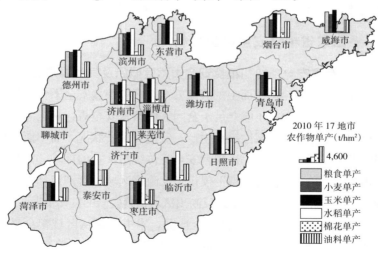

图2-31　2010年山东省各地市农作物单产

第三章 山东省粮食安全趋势
分析与预测研究

山东省作为我国的粮食主产省份,改革开放以来,粮食单产
水平稳步提高,粮食产量持续增长,2002—2010 年,全省粮食
总产首次实现了新中国成立以来的连续 8 年增产,为保障我国的
粮食安全做出了巨大贡献。但是,受耕地面积减少、人口增加、
粮食作物播种比例降低等因素的影响,山东省粮食安全存在着诸
多问题。本章将在全面分析 1978—2010 年山东省粮食安全状况
的基础上,总结粮食安全的变化规律,预测山东省粮食安全的发
展趋势,并计算影响山东省粮食安全因素的阈值。

3.1 山东省粮食安全趋势分析

3.1.1 粮食安全系数和粮食安全贡献度概念及其计算方法

粮食安全是全国层面上的战略安全,区域粮食安全不仅要体现
区域粮食生产能力,还应立足于全国大的粮食安全观,从国家粮食
安全的角度来分析区域性粮食生产、流通和消费状况,而不能仅仅
局限于某一区域内部来讨论粮食安全。传统意义上的区域"人均粮
食占有量"和"粮食自给率"仅仅是反映该区域粮食产量和人口数
量关系的指标,而不能全面地反映出区域粮食安全的具体情况。

为更好地反映区域粮食安全情况,本书分别从区域粮食生产
能力和对全国粮食安全贡献的角度出发,引入了"粮食安全系
数"(Food Security Index)和"粮食安全贡献度"(Food Secur-

ity Profitability）的概念，同时为了便于分析计算，在保留区域"粮食总产量"（Food Yield）的前提下，忽略了对分析结果影响极小的全国年度粮食进出口数额，并假定全国当年生产的粮食扣除种子、工业用粮和战略储备粮后，当年全部消费完毕，以"全国人均粮食占有量"作为"人均粮食消费量"来计算"粮食消费量"（Food Consumption）和"粮食调出量"（Food Output）。"粮食消费量"、"粮食调出量"、"粮食安全系数"和"粮食安全贡献度"的计算公式分别为：

$$FC_{(ij)} = \frac{FY_{(tj)}}{P_{(tj)}} \times P_{(ij)}（i \text{ 为不同地区}, j \text{ 为年份}, t \text{ 为总和}）$$

公式（3-1）

$$FSI_{(ij)} = \frac{FY_{(ij)}}{FC_{(ij)}}（i \text{ 为不同地区}, j \text{ 为年份}, t \text{ 为总和}）$$

公式（3-2）

$$FO_{(tj)} = \sum_{i=1}^{n}（FY_{(ij)} - FC_{(ij)}）（i \text{ 为全国能调出粮食省市自治}$$
区, $i = 1, 2, 3, \cdots\cdots n$; j 为年份, t 为总和）   公式（3-3）

$$FSP_{(ij)} = \frac{FY_{(ij)} - FC_{(ij)}}{FO_{(tj)}} \times 100\%（i \text{ 为不同地区}, j \text{ 为年份}, t$$
为总和）   公式（3-4）

式中 $FC_{(ij)}$ 为 i 地区 j 年度粮食消费量，$FSI_{(ij)}$ 为 i 地区 j 年度粮食安全系数，$FSP_{(ij)}$ 为 i 地区 j 年度粮食安全贡献度，$FY_{(ij)}$ 为 i 地区 j 年度粮食产量，$FY_{(tj)}$ 为 j 年度全国粮食总产量，$FO_{(tj)}$ 为 j 年度全国各省市粮食调出总和，$P_{(ij)}$ 为 i 地区 j 年末人口数量，$P_{(tj)}$ 为 j 年末全国人口总量。

3.1.2 山东省粮食安全趋势分析

3.1.2.1 山东省用全国6%的耕地，7%的粮食播种面积，养活了全国8%的人口

改革开放以来，山东省平均耕地面积约占全国平均耕地面积的 6%，平均粮食播种面积约占全国平均粮食播种面积的 7%，而山东省粮食生产总量占全国粮食生产总量的 8%，不仅养活了占全国 7% 的人口，且每年调出的粮食量可供全国 1% 的人口消费。可见，山东省作为粮食主产省，用全国 6% 的耕地，养活了全国 8% 的人口，为全国的粮食安全做出了巨大贡献（表 3 - 1）。

3.1.2.2 人口刚性增长，由 7 160.0 万人增长为 9 588.0 万人，增长了 33.91%

改革开放以来，作为人口大省的山东省人口数量逐年刚性增长的趋势明显。1978 年山东省人口总量为 7 160.0 万人，占全国人口的 7.44%；2010 年山东省人口总量增长为 9 588.0 万人，占全国人口的 7.0%，是 1978 年全省总人口的 1.34 倍，年平均增长率为 4.06%，且这种增长趋势将持续到 2030 年人口高峰到来之前。人口数量的持续增长和耕地资源的日益紧缺，较大程度地影响了山东省的粮食生产，并对山东省的粮食安全提出了新的挑战（表 3 - 1）。

表 3 - 1　1978—2010 年山东省及全国耕地、人口、粮食
产量及粮食安全贡献度

年份	耕地面积（万 hm²）		人口数量（万人）		粮食产量（万 t）		山东省粮食安全贡献度（%）
	全国	山东	全国	山东	全国	山东	
1978	9 938.9	729.6	96 259.0	7 160.0	30 476.5	2 288.0	0.78
1980	9 930.5	724.1	98 705.0	7 296.0	32 055.5	2 384.0	0.64
1985	9 684.6	703.8	105 851.0	7 711.0	37 910.8	3 137.7	9.85
1990	9 567.3	685.2	114 333.0	8 493.0	44 624.3	3 570.0	5.73
1995	9 497.1	669.5	121 121.0	8 705.0	46 661.8	4 245.0	16.73
2 000	13 003.9	660.8	126 743.0	8 998.0	46 217.5	3 837.7	10.05

（续）

年份	耕地面积（万 hm²）		人口数量（万人）		粮食产量（万 t）		山东省粮食安全贡献度（%）
	全国	山东	全国	山东	全国	山东	
2005	13 003.9	633.9	130 756.0	9 248.0	48 402.2	3 917.4	6.34
2006	12 173.6	632.6	131 448.0	9 309.0	49 804.2	4 093.0	6.49
2007	12 173.5	632.1	132 129.0	9 367.0	50 160.3	4 148.8	6.86
2008	12 172.0	751.5	132 802.0	9 417.0	52 870.9	4 260.5	5.78
2009	12 172.0	751.5	133 474.0	9 470.0	53 082.1	4 316.3	5.94
2010	12 172.0	751.1	137 054.0	9 588.0	54 647.7	4 335.7	4.36

资料来源：根据历年《中国统计年鉴》和《山东省统计年鉴》整理。

3.1.2.3 粮食产量波动性增长，由 2 288.0 万 t 增长为 4 335.7 万 t，增长了 89.50%

改革开放以来，作为全国粮食主产省份之一，山东省粮食产量虽经历了阶段性增减波动，但总体上升的趋势依然较为明显。1978 年，山东省粮食总产为 2288.0 万 t，占全国粮食总产量的 7.51%；2010 年山东省粮食总产量上升为 4335.7 万 t，是 1978 年的 1.89 倍，占全国粮食总产量的比例上升为 7.93%，年平均增长率为 5.74%（表 3 - 1）。

3.1.2.4 粮食消费量刚性增长，由 2 266.9 万 t 增长为 4 368.3 万 t，增长了 92.70%；人均粮食消费量由 316.6kg/人增长为 398.7kg/人，增长了 25.93%

改革开放以来，山东省粮食消费量在波动中呈现出较为明显的上升趋势，且因为全省人口增长率接近于全国人口增长率，山东省粮食消费量变化趋势与全国人均粮食消费量的变化趋势有着较好的吻合度。1978—1998 年，山东省粮食消费量从 2 266.9 万 t 增长为 3 629.1 万 t，增长趋势十分明显；1996—1999 年，全

国人均粮食消费水平超过 400kg，山东省粮食消费量也达到了 3
500 万 t 以上；1999—2003 年，随着全国粮食总产量的下降，全
国人均粮食消费量随之下降，山东省粮食消费量也出现了较为明
显的下降趋势，2003 年全省粮食消费量降至 3 041.2 万 t；
2004—2010 年，全国粮食产量和人均粮食消费量逐年回升，山
东省粮食消费量也随之呈现出明显的增加趋势，2010 年达到
4 368.3万 t 的历史新高，是 1978 年全省粮食消费量的 1.93 倍。
人均粮食消费量由 1978 年 316.6kg/人增长为 2010 年 398.7kg/
人，增长了 25.93%（图 3-1）。

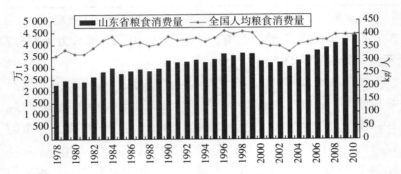

图 3-1　1978—2010 年山东省粮食消费量和全国人均粮食消费量

资料来源：根据历年《中国统计年鉴》和《山东省统计年鉴》整理。

3.1.2.5　可调出粮食量由 891.4 万 t 的历史最高水平下降为 512.7 万 t，15 年下降 42.48%

改革开放以来，山东可调出粮食量变化极大，总体呈现出
"产销平衡"、"波动性上升"、"持续下降"、"恢复性上升"、"再
次下降"五个阶段：1978—1984 年的 6 年间，山东省粮食生产
有 4 年处于产销平衡水平，几乎调不出粮食，而其余 3 年则需从
外省调入粮食来满足本省的消费需求，其中 1982 年全省粮食消
费量缺口达到 238.4 万 t；1985—1995 年，全省粮食调出量虽有

所波动，但总体上呈现出上升趋势，且于 1994 年和 1995 年全省可调出粮食量连续两年超过 850 万 t，1995 年达到了 891.4 万 t 的历史最高水平；而后随着全省粮食产量的下降，可调出粮食量呈现出较为明显的下降趋势，2004 年全省可调出粮食量仅为 201.2 万 t；2005—2007 年全省可调出粮食量呈现一定程度地恢复性增长，但 2008—2010 年再次出现下降的趋势，2010 年全省可调出粮食量仅为 512.7 万 t。从 1995 年的历史最高水平到 2010 年，山东省可调出粮食 15 年下降了 42.48%，平均每年下降 2.83%（图 3 - 2）。

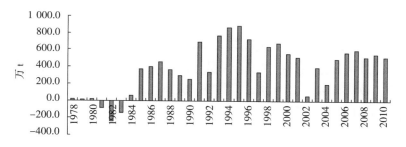

图 3 - 2　1978—2010 年山东省可调出粮食量

资料来源：根据历年《中国统计年鉴》和《山东省统计年鉴》整理。

3.1.2.6　粮食安全贡献度由 16.87% 的历史最高水平下降为 4.36%，16 年下降了 12.51 个百分点

与上述 3.1.2.5 中可调出粮食量类似，1978—1984 年，山东省粮食安全贡献度处于极低甚至是负值的水平，其中 1982 年达到—7.91%；1985—1994 年，山东省粮食安全贡献率呈现波动性上升的趋势，期间 1991、1993、1994、1995 四个年份的全省粮食安全贡献度超过 15%，1994 年达到 16.87% 的历史最高水平；1995—2010 年，山东省粮食安全贡献度则呈现出明显的逐年下降趋势，2010 年下降为 4.36%，16 年下降了 12.51 个百

分点，年平均下降 0.78 个百分点（图 3-3）。

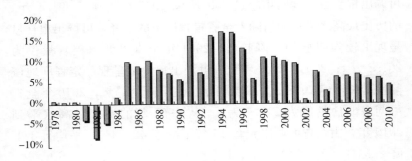

图 3-3　1978—2010 年山东省粮食安全贡献度

资料来源：根据历年《中国统计年鉴》和《山东省统计年鉴》整理。

3.1.2.7　粮食生产向经济不发达地区转移的趋势明显

经济发达地市粮食安全系数呈现出较为明显的波动中下降趋势。改革开放以来，青岛、烟台、威海、东营、淄博、济南 6 个人均 GDP 远高于全省平均水平的经济发达地市的粮食安全系数均出现了较大程度的波动，除济南市先上升后趋于基本平稳状态外，其他 5 个地市的粮食安全系数总体下降的趋势较为明显。其中，威海和烟台两市粮食安全系数分别由 1978 年的 1.40 和 1.48 下降为 2010 年的 0.99 和 1.05，下降趋势最为明显；东营市的粮食安全系数由 1994 年的历史最高值 1.45 下降为 2010 年的 1.08，下降幅度较大；青岛和淄博两市的粮食安全系数下降幅度较小，但总体上也呈现出下降趋势（图 3-4）。

多数经济较发达地市粮食安全系数呈现出波动下降趋势，但总体波动和下降幅度低于经济发达地区。改革开放以来，在人均 GDP 接近于全省平均水平的潍坊、日照、泰安、莱芜、枣庄和滨州 6 个地市中，潍坊、日照、莱芜、枣庄 4 个地市粮食安全系数均呈现出不同程度的波动下降趋势，其中莱芜市的粮食安全系

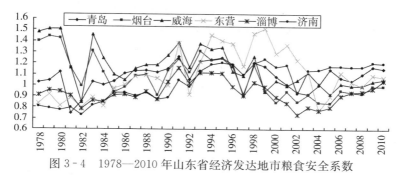

图 3-4　1978—2010 年山东省经济发达地市粮食安全系数
资料来源：根据历年《山东省统计年鉴》和《山东省各地市统计年鉴》整理。

数由 1978 年的 0.95 下降到 2010 年的 0.55，下降幅度较为明显。但是，整体的波动和下降幅度均低于经济发达地区。而滨州和泰安两市的粮食安全系数则呈现出波动上升趋势，其中泰安市的粮食安全系数由 1978 年的 1.04 上升为 1.40，滨州市的粮食安全系数则由 1978 年的 0.88 上升为 1.96，上升幅度较为明显（图 3-5）。

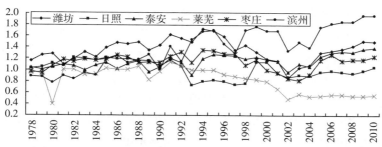

图 3-5　1978—2010 年山东省经济较发达地市粮食安全系数
资料来源：根据历年《山东省统计年鉴》和《山东省各地市统计年鉴》整理。

所有经济欠发达地市粮食安全系数均呈现出波动上升趋势。改革开放以来，人均 GDP 远低于全省平均水平的济宁、德州、聊城、临沂和菏泽 5 个地市的粮食安全系数均呈现出较为明显的波动上升趋势。其中，德州市的粮食安全系数由 1978 年的 0.89 上升为 2010 年的 3.10，上升幅度最大；聊城市的粮食安全系数由 1978 年的 0.95 上升为 2010 年的 2.18，上升幅度较大；而济宁、临沂、菏泽 3 地市，上升幅度相对较小（图 3-6）。

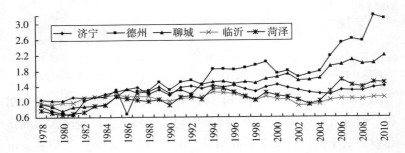

图 3-6 1978—2010 年山东省经济欠发达地市粮食安全系数

资料来源：根据历年《山东省统计年鉴》和《山东省各地市统计年鉴》整理。

3.1.2.8 粮食安全的阶段性变化特征明显

山东省作为全国粮食主产省的地位始于 1985 年。1978—1984 年，我国粮食供应处于"南粮北调"时期，山东省乃至整个黄淮海地区粮食产量不高，全省粮食产量一直维持在 3 000 万 t 以下，可调出粮食量维持在 60 万 t 以下，粮食安全贡献度不到 2%。1985 年以来，随着我国粮食供应"北粮南调"格局的出现，黄淮海作为我国粮食主产区的地位日趋明显，山东省粮食产量大幅度增长，粮食主产省份的作用逐步得以显现（表 3-1、图 3-2、图 3-3）。

1993—1995 年，山东省粮食安全达到历史最高水平。1993—1995 年，山东省粮食产量超过 4 000 万 t，可调出粮食量达到 800 万 t 左右，粮食安全贡献率达到 16%以上，全省粮食安全达到了历史最高水平（表3-1、图3-2、图3-3）。

1996—2004年，山东省粮食调出量和粮食安全贡献度降低趋势明显。期间，山东省可调出粮食量和粮食安全贡献度由1996年的为730.6万t和13.04%，分别下降为2004年的201.2万t和2.95%（表3-1、图3-2、图3-3）。

2005—2010年，山东省粮食安全系数不断增加，但粮食安全贡献度持续降低。2004年以来，受种粮补贴政策的实施和农业税的取消等因素的影响，山东省粮食产量出现恢复性增长，可调出粮食量先增后减，粮食安全系数逐年增加，但粮食安全贡献度却持续降低（表3-1、图3-2、图3-3、图3-4、图3-5、图3-6）。

3.2 全省粮食总产8连增后的潜在问题

3.2.1 粮食产量增加主要依靠单产的提高，而单产提高难度加大，生产成本上升过快

粮食产量等于粮食播种面积和粮食单产的乘积，持续稳定的粮食产量增加应建立在单产和播种面积同步增加的基础之上，对某一因子的过度依赖将不利于粮食产量的可持续增长。从山东省2002—2010年粮食总产实现连续8年增产的情况看，全省农作物播种面积总体上并未增加（2010年比2002年减少22.96万

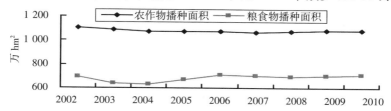

图3-7 2002—2010年山东省农作物播种面积和粮食播种面积

资料来源：根据历年《山东省统计年鉴》整理。

hm^2）；粮食播种面积先减后增，且增长幅度极小（2010 年比 2002 年增加 17.22 万 hm^2）（图 3 - 7）。粮食单产从 2002 年的 4763.3kg/hm^2 增加至 2010 年的 6 119.7 kg/hm^2，8 年增长了 1.28 倍，年增长幅度达 16.05%；特别是 2002—2005 年期间，年平均增幅高达 40.84%（图 3 - 8）。由此可见，2002 年以来山东省粮食产量的 8 连增主要是靠提高单产来实现的，而粮食播种面积增加的贡献率极小。为了验证上述判断，把 2002—2010 年山东省粮食产量（因变量 y）、粮食单产（自变量 x_1）和粮食播种面积（自变量 x_2）用 EXCEL 软件进行多元线性回归分析，得到的回归方程为：

$$y = -3.9E + 07 + 6931.263x_1 + 5.584628x_2 (R^2 = 0.999854)$$

方程（3 - 1）

（该回归方程通过显著性检验，其 F 检验的 p 值为 2.16E— 10，远小于 0.05 的显著水平；同时自变量单产和播种面积的回归系数通过 t 检验，其 p 值分别为 7.93E—12 和 3.49E—10，均小于 0.05 的显著水平。多元线性回归的 SUMMARY OUT-PUT、RESIDUAL OUTPUT、PROBABILITY OUTPUT 见附录 1。）

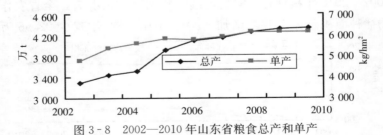

图 3 - 8　2002—2010 年山东省粮食总产和单产

资料来源：根据历年《山东省统计年鉴》整理。

这充分证明了 2002—2010 年山东省粮食增产对粮食单产的

过度依赖。多年来，山东省粮食单产水平一直位居全国前列，单产提高的难度越来越大，粮食生产成本增长过快。因此，粮食生产对本已较高水平的粮食单产的过度依赖是隐藏在山东省粮食 8 连增背后的粮食安全问题之一。

3.2.2　高产作物（玉米）种植面积替代低产作物面积导致的增产现象，掩盖了保障粮食安全的难度

从粮食作物种植结构看，2002—2010 年山东省小麦及稻谷的种植面积和比例略有起伏，但变化不大；小麦的种植面积基本维持在 350 万 hm² 左右，占全省粮食作物播种面积的比例维持在 50% 左右；稻谷的种植面积维持在 13 万 hm² 左右，占全省粮食作物播种面积的比例维持在 2% 左右（表 3 - 2）。

豆类作物和薯类作物的种植面积和比例呈现出明显地减少趋势。豆类作物播种面积从 2002 年的 34.4 万 hm² 减少为 2010 年的 16.7 万 hm²，占全省粮食作物播种面积的比例由 5.0% 降至 2.4%；薯类作物播种面积从 2002 年的 41.3 万 hm² 减少为 2010 年的 24.7 万 hm²，占全省粮食作物播种面积的比例由 6.0% 降至 3.5%。玉米种植面积和比例持续增长趋势明显。2002 年全省玉米播种面积为 253.0 万 hm²，占全省粮食播种面积的 36.6%，2010 年增长到 295.5 万 hm² 和 41.7%，增长的播种面积为 42.5 万 hm²，大于豆类和薯类作物面积减少之和（34.3 万 hm²）。而 2002—2010 年山东省玉米平均单产为 6 192.4kg/hm²，豆类和薯类两种作物的平均单产为 4 914.3kg/hm²。由此可见，2002—2010 年山东省粮食产量的连续 8 年增产过程中，较大程度地存在着高产作物（玉米）大面积替代低产作物（豆类＋薯类）而引起的粮食总产徒增现象（表 3 - 2，图 3 - 9）。

表 3 - 2 2002—2010 年山东省粮食作物播种面积和单产

年份	粮食播种面积 (万 hm²)	小麦 面积 (万 hm²)	小麦 单产 (kg/hm²)	玉米 面积 (万 hm²)	玉米 单产 (kg/hm²)	稻谷 面积 (万 hm²)	稻谷 单产 (kg/hm²)	豆类 面积 (万 hm²)	豆类 单产 (kg/hm²)	薯类 面积 (万 hm²)	薯类 单产 (kg/hm²)
2002	691.3	339.8	4 553.6	253.0	5 201.4	15.5	7 044.4	34.4	2 219.6	41.3	5 378.1
2003	641.5	310.5	5 040.1	240.6	5 864.7	11.3	6 918.3	32.4	2 540.9	40.0	6 948.5
2004	631.4	296.8	5 338.3	245.5	6 106.5	12.4	7 283.0	25.7	2 969.6	31.9	7 701.2
2005	671.2	327.9	5 491.5	273.1	6 353.5	12.0	7 996.7	25.2	2 709.6	28.2	7 062.8
2006	710.9	355.7	5 659.9	284.4	6 150.0	12.7	8 248.2	19.0	3 450.8	25.3	6 748.2
2007	704.7	351.9	5 670.8	285.4	6 364.3	13.1	8 444.4	17.6	2 409.3	23.2	7 614.3
2008	695.6	352.5	5 770.5	287.4	6 566.7	13.1	8 446.8	17.5	2 394.3	22.6	7 927.4
2009	703.0	354.5	5 774.9	291.7	6 586.6	13.5	8 321.0	17.1	2 450.3	23.8	7 814.6
2010	708.5	356.2	5 779.5	295.5	6 537.7	12.8	8 299.5	16.7	2 462.6	24.7	7 654.7

资料来源：根据历年《中国统计年鉴》和《山东省统计年鉴》整理。

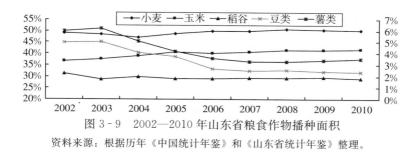

图 3-9 2002—2010 年山东省粮食作物播种面积

资料来源：根据历年《中国统计年鉴》和《山东省统计年鉴》整理。

3.2.3 粮食安全贡献度对少部分地市依赖程度的上升，增加了粮食安全的风险性

在山东省粮食安全贡献度相对较高的 1991—2000 年期间，全省 17 个地市中有青岛、烟台、潍坊、滨州、泰安、临沂、德州、聊城、济宁、菏泽 10 个地市的粮食安全度超过 1%，各地市粮食安全贡献度分布较为均匀。而 2002—2010 年期间，全省 17 个地市中仅有潍坊、滨州、德州、聊城、济宁、菏泽 6 个地市的粮食安全贡献度超过 1%，且德州市的粮食安全贡献度平均在 3% 以上，2009 年达到 5.35%。与 1991—2000 年相比，这种全省粮食安全贡献度更加集中于少部分地市，尤其是对个别地市的过度依赖的现象，增加了全省粮食安全的风险性（图 3-10、图 3-11、图 3-12、图 3-13）。

3.2.4 粮食主产区向种粮自然条件相对较差的地区转移，增加了粮食安全成本

从全省范围来看，2002—2010 年德州、聊城、菏泽、潍坊、淄博、泰安 6 地市粮食安全贡献度上升幅度较大，青岛、烟台、东营、枣庄、临沂 5 地市的粮食安全贡献度略有上升，其余 6 个地市粮食安全贡献度没有明显的变化趋势。地处平原地区、有着

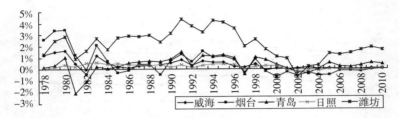

图 3-10　1978—2010 年鲁东地区各地市粮食安全贡献度

资料来源：根据历年《山东省统计年鉴》和《山东省各地市统计年鉴》整理。

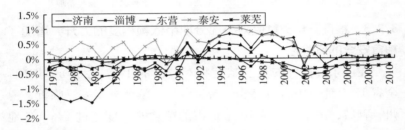

图 3-11　1978—2010 年鲁中地区各地市粮食安全贡献度

资料来源：根据历年《山东省统计年鉴》和《山东省各地市统计年鉴》整理。

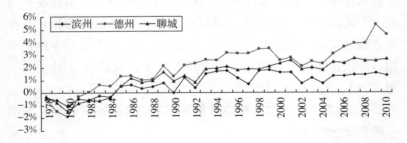

图 3-12　1978—2010 年鲁西北地区各地市粮食安全贡献度

资料来源：根据历年《山东省统计年鉴》和《山东省各地市统计年鉴》整理。

较好粮食生产自然资源的济宁、滨州、济南 3 地市粮食安全贡献度无明显变化，而地处山地丘陵地区粮食生产自然资源较差的青

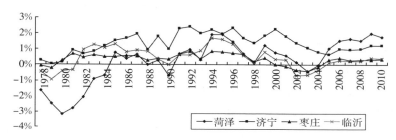

图 3-13　1978—2010 年鲁南地区各地市粮食安全贡献度

资料来源：根据历年《山东省统计年鉴》和《山东省各地市统计年鉴》整理。

岛、烟台、枣庄、临沂 4 地市粮食安全贡献度有所上升的现象，某种程度地增加了全省粮食安全的成本（图 3-10、图 3-11、图 3-12、图 3-13）。

3.3　山东省粮食安全趋势预测

3.3.1　山东省粮食安全贡献度影响因素分析

作为衡量区域粮食安全的重要指标，区域粮食安全贡献度受区域粮食产量和区域人口数量等诸多因素的影响。本部分将以1978—2010 年山东省种植制度统计数据为基础，结合山东省种植制度发展的实际情况，通过多元线性回归分析，计算山东省粮食安全贡献度对各影响因素的依赖度，从而进一步明确影响山东省粮食安全的主要因素。

3.3.1.1　变量的确定

从公式 3-1、公式 3-3、公式 3-4 可知，区域粮食安全贡献度是区域粮食调出量与全国各省市调出粮食总量的比值，受区域粮食产量和人口数量的影响较大，而区域粮食产量等于区域粮食单产和区域粮食播种面积的乘积，区域粮食播种面积等于区域耕地面积、区域复种指数及区域粮食种植面积占区域农作物播种面积比例的乘积。因此，把山东省粮食安全贡献度作为因变量（y），并分别把山东省耕地面积占全国耕地面积比例、复种指数、粮食播种面积占农作物播种面积比例、粮食单产与全国粮食单产比率和人口数量占全国人口数量比例作为自变量（x_1、x_2、x_3、x_4、x_5），进行多元线性回归分析。

3.3.1.2　多元线性回归分析

以 1978—2010 年山东省粮食安全贡献度、耕地面积占全国耕地面积比例、复种指数、粮食播种面积占农作物播种面积比例、粮食单产与全国粮食单产比率和人口数量占全国人口数量比例的统计数据为基础数据（表 3-3），用 EXCEL 软件对上述确定的因变量和自变量进行多元线性回归分析，得到多元线性回归方程如下：

$$y = -2.44172 + 15.04516x_1 + 0.508303x_2 + 0.495677x_3 +$$
$$0.677019x_4 - 6.70983x_5 \ (R^2 = 0.97426) \qquad 方程（3-2）$$

（该回归方程通过显著性检验，其 F 检验的 p 值为 6.49E—10，远小于 0.05 的显著水平；同时自变量山东省耕地面积占全国耕地面积比例、复种指数、粮食播种面积占农作物播种面积比例、粮食单产与全国粮食单产比率和人口数量占全国人口数量比例的回归系数通过 t 检验，其 p 值分别为 3.16E—14、3.44E—10、1.3E—09、4.31E—17 和 0.034528，均小于 0.05 的显著水平。多元线性回归的 SUMMARY OUTPUT、RESIDUAL OUTPUT、PROBABILITY OUTPUT 见附录 2。）

从方程（3-2）可以看出，各自变量对因变量全省粮食安全度的影响度有着较大的差别，其中耕地面积占全国耕地面积的比例对全省粮食安全度的影响最大（系数高达 15.04516），人口数量占全国人口数量比例次之（系数为 -6.70983），再次是粮食单产与全国粮食单产比率（系数为 0.677019），复种指数和粮食播种面积占农作物播种面积比例对全省粮食安全度的影响较小（系数分别为 0.508303、0.495677）。

表 3-3　1978—2010 年山东省粮食安全贡献度多元线性回归分析变量

年份	因变量（y）	自变量（x）				
	粮食安全贡献度（%）	x_1耕地面积比例（%）	x_2复种指数（%）	x_3粮食播种面积比例（%）	x_4粮食单产比率（%）	x_5人口数量比例（%）
1978	0.78	7.34	147.18	82.02	102.68	7.44
1980	0.64	7.29	145.99	80.16	103.13	7.39
1985	9.85	7.27	154.33	73.51	112.83	7.28
1990	5.73	7.16	158.82	74.91	111.37	7.43
1995	16.73	7.05	161.87	75.04	123.11	7.19
2000	10.05	6.74	174.52	67.40	115.89	7.10
2005	6.34	6.45	169.36	62.52	125.74	7.07
2006	6.49	6.39	169.58	66.27	123.37	7.08
2007	6.86	6.33	169.22	65.87	125.96	7.09
2008	5.78	6.28	170.28	64.62	123.72	7.09
2009	5.94	6.21	170.50	65.22	126.06	7.10
2010	4.36	6.17	171.13	65.49	123.04	7.16

资料来源：根据历年《山东省统计年鉴》和《山东省各地市统计年鉴》整理，1996—2007 年山东省耕地面积按全国统计口径计算。

3.3.2　山东省粮食安全贡献度预测

为计算今后某一年度山东省粮食安全贡献度（方程 3-2 因变量 y）的数值，进一步搞清山东省粮食安全贡献度的发展趋势，我们对方程（3-2）的各自变量 x_1、x_2、x_3、x_4、x_5，即山东省耕地面积占全国耕地面积比例、复种指数、粮食播种面积占农作物播种面积比例、粮食单产与全国粮食单产比率和人口数量占全国人口数量比例分别进行预测。

3.3.2.1 选择时间序列二次平滑预测法为各变量的预测方法

分别将 1978—2010 年山东省粮食安全贡献度多元线性回归方程各变量（表 3-3）作散点图（图 3-14、图 3-15）。可以看出，方程（3-2）的各自变量在随时间变化出现较小幅度波动的同时，均呈现出一定的线性趋势，符合时间序列二次平滑预测法的要求。因此，我们在 EXCEL 软件中选用时间序列二次平滑预测法分别对 2015、2020、2025、2030 年山东省耕地面积占全国耕地面积比例、复种指数、粮食播种面积占农作物播种面积比例、粮食单产与全国粮食单产比率和人口数量占全国人口数量比例进行预测，预测模型如下：

一次指数平滑：

$$f_{t+1} = \alpha y_t + (1-\alpha)f_t \qquad \text{公式（3-5）}$$

其中，f_{t+1} 是序列第 $t+1$ 期的预测值，y_t 是序列第 t 期的实际观测值，f_t 是序列第 t 期的预测值；α（$0 < \alpha < 1$）为加权系数，也称平滑常数。

二次指数平滑：

$$S'_t = \alpha y_t + (1-\alpha)S'_{t-1} \qquad \text{公式（3-6）}$$

$$S''_t = \alpha S'_t + (1-\alpha)S''_{t-1} \qquad \text{公式（3-7）}$$

其中，y_t 是序列第 t 期的实际观测值，S'_t、S'_{t-1} 分别为序列第 t 和 $t-1$ 期一次指数平滑值，S''_t、S''_{t-1} 分别为二次指数平滑值，α（$0 < \alpha < 1$）为平滑常数。

当时间序列 $\{y_t\}$ 从某时期开始具有直线趋势时，可用直线趋势模型：

$$F_{t+T} = a_t + b_t T \qquad \text{公式（3-8）}$$

$$a_t = 2S'_t - S''_t \qquad \text{公式（3-9）}$$

$$b_t = \frac{\alpha}{1-\alpha}(S'_t - S''_t) \qquad \text{公式（3-10）}$$

其中，T 为预测超前期数，F_{t+T} 为序列第 t 期后 T 期的预测值，S'_t、S''_t 分别为序列第 t 期的一次指数平滑值和二次指数平滑值，α（$0 < \alpha < 1$）为平滑常数。

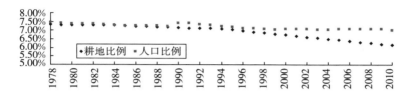

图 3-14　1978—2010 年山东省耕地和人口占全国比例散点图

资料来源：根据历年《山东省统计年鉴》和《山东省各地市统计年鉴》整理，2008—2010 年耕地面积按 2008 年以前统计口径计算。

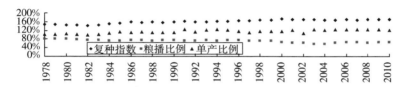

图 3-15　1978—2010 年山东省复种指数、粮播面积比例
及粮食单产比率散点图

资料来源：根据历年《山东省统计年鉴》和《山东省各地市统计年鉴》整理，2008—2010 年耕地面积按 2008 年以前统计口径计算。

3.3.2.2　多元线性回归方程各自变量的时间序列指数平滑预测

从图 3-14、图 3-15 可以看出，由于时间序列数值较多，所以选取 $S'_0 = y_1$，并选取 $\alpha = 0.3$，分别利用 EXCEL 软件对它们进行时间序列的一次指数平滑处理，求得一次指数平滑值（S'_t）及其对应方差；按照指数平滑值总方差最小原则，通过规划求解获得指数平滑的最佳 α 值（$\alpha_{最佳}$），然后再选取 $S''_0 = S'_0$，并选取 $\alpha = \alpha_{最佳}$，对一次指数平滑值（S'_t）进行二次指数平滑处理，得到系列相应数据如下（表 3-4、表 3-5、表 3-

6、表 3 - 7、表 3 - 8、表 3 - 9，运算结果报告见附录 3）：

表 3 - 4　山东省耕地面积比例时间序列指数平滑

年份	序列（t）	耕地面积比例（%）	一次平滑值（S'_t）	二次平滑值（S''_t）
—	0	—	0.073 400	0.073 400
1978	1	7.34	0.073 400	0.073 400
1980	3	7.29	0.073 203	0.073 333
1985	8	7.27	0.073 005	0.073 132
1990	13	7.16	0.072 163	0.072 595
1995	18	7.05	0.071 190	0.071 759
2000	23	6.74	0.068 992	0.070 209
2005	28	6.45	0.066 204	0.067 799
2006	29	6.39	0.065 638	0.067 268
2007	30	6.33	0.065 063	0.066 726
2008	31	6.28	0.064 506	0.066 180
2009	32	6.22	0.063 939	0.065 629
2010	33	6.17	0.063 389	0.065 078

表 3 - 5　山东省复种指数时间序列指数平滑

年份	序列（t）	复种指数（%）	一次平滑值（S'_t）	二次平滑值（S''_t）
—	0	—	1.471 800	1.471 800
1978	1	147.18	1.471 800	1.471 800
1980	3	145.99	1.469 909	1.471 514
1985	8	154.33	1.476 716	1.469 698
1990	13	158.82	1.527 375	1.490 112
1995	18	161.87	1.566 009	1.520 558

（续）

年份	序列（t）	复种指数（%）	一次平滑值（S'_t）	二次平滑值（S''_t）
2000	23	174.52	1.624 647	1.559 295
2005	28	169.36	1.662 382	1.604 277
2006	29	169.58	1.666 507	1.611 960
2007	30	169.22	1.669 679	1.619 086
2008	31	170.28	1.673 768	1.625 837
2009	32	170.50	1.677 624	1.632 230
2010	33	171.13	1.681 781	1.638 347

表 3 - 6　山东省粮播比例时间序列指数平滑

年份	序列（t）	粮播比例（%）	一次平滑值（S'_t）	二次平滑值（S''_t）
—	0	—	0.820 200	0.820 200
1978	1	82.02	0.820 200	0.820 200
1980	3	80.16	0.805 792	0.809 042
1985	8	73.51	0.734 270	0.734 678
1990	13	74.91	0.748 207	0.747 530
1995	18	75.04	0.748 325	0.747 302
2000	23	67.40	0.685 744	0.695 324
2005	28	62.52	0.616 631	0.611 172
2006	29	66.27	0.651 779	0.642 153
2007	30	65.87	0.657 059	0.653 526
2008	31	64.62	0.648 774	0.649 901
2009	32	65.22	0.651 388	0.651 035
2010	33	65.49	0.654 067	0.653 349

表 3-7　山东省单产比率时间序列指数平滑

年份	序列（t）	单产比率 （%）	一次平滑值 （S'_t）	二次平滑值 （S''_t）
—	0	—	1.026 800	1.026 800
1978	1	102.68	1.026 800	1.026 800
1980	3	103.13	1.027 584	1.026 002
1985	8	112.83	1.100 334	1.076 762
1990	13	111.37	1.113 550	1.113 580
1995	18	123.11	1.226 115	1.217 672
2000	23	115.89	1.161 145	1.160 844
2005	28	125.74	1.236 758	1.220 411
2006	29	123.37	1.234 831	1.229 496
2007	30	125.96	1.250 436	1.242 689
2008	31	123.72	1.242 097	1.242 316
2009	32	126.06	1.253 754	1.249 523
2010	33	123.04	1.239 040	1.242 919

表 3-8　山东省人口比例时间序列指数平滑

年份	序列（t）	人口比例 （%）	一次平滑值 （S'_t）	二次平滑值 （S''_t）
—	0	—	0.074 400	0.074 400
1978	1	7.44	0.074 400	0.074 400
1980	3	7.39	0.073 985	0.074 063
1985	8	7.28	0.072 944	0.073 073
1990	13	7.43	0.073 763	0.073 404
1995	18	7.19	0.072 088	0.072 285
2000	23	7.10	0.070 911	0.070 881
2005	28	7.07	0.070 674	0.070 662

（续）

年份	序列（t）	人口比例（%）	一次平滑值（S'_t）	二次平滑值（S''_t）
2006	29	7.08	0.070 763	0.070 733
2007	30	7.09	0.070 860	0.070 822
2008	31	7.09	0.070 888	0.070 869
2009	32	7.10	0.070 967	0.070 938
2010	33	7.16	0.071 414	0.071 274

表3-9　各自变量时间序列指数平滑常数及最小总方差

自变量（x）	平滑常数（α）		阻尼系数（$1-\alpha$）		最小总方差
	初始	最佳	初始	最佳	
耕地比例（x_1）	0.3	0.245 895	0.7	0.754 105	1.183 54E-05
复种指数（x_2）	0.3	0.123 455	0.7	0.876 545	1.946 524
粮播比例（x_3）	0.3	0.762 943	0.7	0.237 057	0.003 744
单产比率（x_4）	0.3	0.630 030	0.7	0.369 970	0.006 564
人口比例（x_5）	0.3	0.705 735	0.7	0.294 265	1.815 24E-06

　　以 $t=33$（2010年）为基准期，将各自变量的 S'_t、S''_t 代入公式（3-9）、公式（3-10），求得相应的 a_{33}、b_{33} 值，再分别取预测超前期数 $T=5$、10、15、20（2015年、2020年、2025年、2030年），利用公式（3-8）计算求得2015年、2020年、2025年、2030年山东省粮食安全贡献度多元线性回归方程各自变量即山东省耕地面积占全国耕地面积比例（x_1）、复种指数（x_2）、粮食播种面积占农作物播种面积比例（x_3）、粮食单产与全国粮

食单产比率（x_4）和人口数量占全国人口数量比例（x_5）的预测值 F_{t+T} 如下（表 3 - 10）：

表 3 - 10　山东省粮食安全贡献度多元线性回归方程各自变量预测值

自变量（x）	a_t（$t=33$）	b_t（$t=33$）	预测值（F_{t+T}，$t=33$）			
			2015 年（$T=5$）	2020 年（$T=10$）	2025 年（$T=15$）	2030 年（$T=20$）
耕地比例（x_1）	0.061 699	−0.000 551	0.058 944	0.056 189	0.053 434	0.050 679
复种指数（x_2）	1.725 215	0.010 275	1.776 590	1.827 965	1.879 340	1.930 715
粮播比例（x_3）	0.654 786	0.002 313	0.666 351	0.677 916	0.689 481	0.701 046
单产比率（x_4）	1.235 162	−0.006 604	1.202 142	1.169 122	1.136 102	1.103 082
人口比例（x_5）	0.071 554	0.000 336	0.073 234	0.074 914	0.076 594	0.078 274

从表 3 - 10 可以看出，在基准期 $t=33$（2010 年），复种指数、粮播比例和人口比例的 b_t 值分别为 0.010275、0.002313 和 0.000336，决定了山东省复种指数、粮食播种面积占农作物播种面积比例及人口数量占全国人口数量比例的预测值 F_{t+T} 均大于基准期 $t=33$，即 2010 年的相应观测值，这符合山东省复种指数逐年提高、粮播比例有所回升和人口增长幅度小于全国的实际；而耕地面积比例和单产比率的 b_t 值分别为 −0.000551 和 −0.006604，决定了山东省耕地面积占全国比例及山东省粮食单产与全国粮食单产比率的预测值 F_{t+T} 均小于基准期 $t=33$，即 2010 年的相应观测值，这同样符合山东省耕地面积减少幅度大于全国和全国粮食单产增幅大于山东省的实际。这说明通过时间序列指数平滑法求得的 a_t 和 b_t 是合理的，而通过公式（3 - 8）计算求得的山东省粮食安全贡献度多元线性回归方程各自变量的预测值 F_{t+T} 是合理可信的。

3.3.2.3　山东省粮食安全贡献度的预测

将表 4 - 10 中求得的预测超前期数 $T=5$、10、15、20 的各山东省粮食安全贡献度多元线性回归方程自变量山东省耕地面积占全国耕地面积比例（x_1）、复种指数（x_2）、粮食播种面积占农作物播种面积比例（x_3）、粮食单产与全国粮食单产比率（x_4）和人口数量占全国人口数量比例（x_5）的预测值 F_{t+T} 代入方程（3-2），分别求得 2015 年、2020 年、2025 年、2030 年多元线性回归方程因变量山东省粮食安全贡献度值（y）见表 3-11。

表 3-11　2015、2020、2025、2030 年山东省粮食安全贡献度预测值

| 年份 | 自变量（x）预测值（F_{t+T}） | | | | | 因变量（y）贡献度（%） |
	耕地比例（x_1）	复种指数（x_2）	粮播比例（x_3）	单产比率（x_4）	人口比例（x_5）	
2015	0.058 944	1.776 590	0.666 351	1.202 142	0.073 234	0.092 8
2020	0.056 189	1.827 965	0.677 916	1.169 122	0.074 914	-4.230 2
2025	0.053 434	1.879 340	0.689 481	1.136 102	0.076 594	-8.553 3
2030	0.050 679	1.930 715	0.701 046	1.103 082	0.078 274	-12.876 3

从表 3-11 可以看出，按目前发展态势山东省的粮食安全贡献度逐年下降的趋势极其明显，预计至 2015 年将下降到 0.0928%，2020 年、2025 年和 2030 年分别下降为 -4.2302%、-8.5533% 和 -12.8763%。也就是说，如果不改善当前山东省的种植制度，到 2015 年山东省将由粮食主产省变为产销平衡省，2015 年后山东省将变成粮食调入省，这必将对我国粮食安全产生较大程度的影响。因此，调整优化种植制度，提高山东省粮食安全贡献度，保障全国粮食安全已刻不容缓。

3.4　山东省粮食安全贡献度阈值测算

为进一步明确各种植制度指标对山东省粮食安全贡献度影响程度，有效保障山东省粮食安全，科学指导山东省种植制度发展，我们在设定山东省粮食安全贡献度不同量值的基础上，利用

方程（3-2）对不同年份山东省耕地面积、复种指数、粮食播种面积占农作物播种面积比例、粮食单产和人口数量等一系列阈值进行计算，并通过计算分析，划分山东省粮食安全贡献度影响因子类型，为山东省种植制度的可持续发展提供科学依据。

3.4.1　山东省粮食安全贡献度量值的设定

区域粮食安全量值的设定是指导区域种植制度可持续发展的前提，也是区域种植制度阈值计算的第一步。区域粮食安全量值需依据区域粮食生产能力，结合多年来区域粮食生产的实际和粮食安全贡献度来设定。山东省是粮食生产大省，也是我国 13 个粮食主产省份之一，对我国的粮食安全做出了巨大贡献。从表 3-1 中可以看出，1978—2010 年期间，山东省的粮食安全贡献度有 4 个年份超出 15%，其中 1994 年达到 16.87% 的历史最高水平，有 9 个年份处于 10% 以上，有 23 个年份超过 5%，平均为 6.59%。因此，从确保山东省在全国粮食生产的重要地位和保障全国粮食安全的角度出发，我们设定 10%、6% 和 3% 分别作为山东省 2015、2020、2025 和 2030 年粮食安全贡献度的高、中、低三个水平的量值，来进行种植制度系列阈值计算和影响因素分析。

3.4.2　山东省粮食安全贡献度影响因素阈值测算

3.4.2.1　测算方法的确立

分别以 2015、2020、2025 和 2030 年为测算年度，以方程（3-2）为基础算式，每一年度的粮食贡献度（y）以 10%、6% 和 3% 的高、中、低三个水平量值作为基准值，每年的山东省耕地面积占全国耕地面积比例（x_1）、复种指数（x_2）、粮食播种面积占农作物播种面积比例（x_3）、粮食单产与全国粮食单产比率（x_4）和人口数量占全国人口数量比例（x_5）分别以表 3-10 中的相应自变量预测值 F_{t+T} 为基准值，经等式变换得出各自变量的系列测算值，见算式 3-1。

$$
\left\{
\begin{aligned}
x_{1ij} &= \frac{y_{ij} + 6.709\,83x_{5ij} - 0.508\,303x_{2ij} - 0.495\,677x_{3ij} - 0.677\,019x_{4ij} + 2.441\,72}{15.045\,16} \\[2mm]
x_{2ij} &= \frac{y_{ij} + 6.709\,83x_{5ij} - 15.045\,16x_{1ij} - 0.495\,677x_{3ij} - 0.677\,019x_{4ij} + 2.441\,72}{0.508\,303} \\[2mm]
x_{3ij} &= \frac{y_{ij} + 6.709\,83x_{5ij} - 15.045\,16x_{1ij} - 0.508\,303x_{2ij} - 0.677\,019x_{4ij} + 2.441\,72}{0.495\,677} \\[2mm]
x_{4ij} &= \frac{y_{ij} + 6.709\,83x_{5ij} - 15.045\,16x_{1ij} - 0.508\,303x_{2ij} - 0.495\,677x_{3ij} + 2.441\,72}{0.677\,019} \\[2mm]
x_{5ij} &= \frac{15.045\,16x_{1ij} + 0.508\,303x_{2ij} + 0.495\,677x_{3ij} + 0.677\,019x_{4ij} - y_{ij} - 2.441\,72}{6.709\,83}
\end{aligned}
\right.
$$

算式(3-1)

算式（3-1）中，y_{ij} 为 i 年度 j 水平的粮食安全贡献度，x_{1ij} 为 i 年度 j 水平粮食安全贡献度的山东省耕地面积比例占全国耕地面积比例，x_{2ij} 为 i 年度 j 水平粮食安全贡献度的山东省复种指数，x_{3ij} 为 i 年度 j 水平粮食安全贡献度的山东省粮食播种面积占农作物播种面积比例，x_{4ij} 为 i 年度 j 水平粮食安全贡献度的山东省粮食单产与全国粮食单产比率，x_{5ij} 为 i 年度 j 水平粮食安全贡献度的山东省人口数量占全国人口数量比例，i 分别为 2015 年、2020 年、2025 年和 2030 年，j 分别为 10%、6% 和 3% 三个水平量值。

由算式（3-1）计算求得的 x_{2ij}、x_{3ij} 的测算值即为山东省 i 年度 j 水平粮食安全贡献度的复种指数和粮食播种面积占农作物播种面积比例的阈值；而 i 年度 j 水平粮食安全贡献度的山东省耕地面积占全国耕地面积比例 x_{1ij} 的测算值与全国 18 亿亩（1.2 亿 hm²）耕地红线的乘积即为山东省 i 年度 j 水平粮食安全贡献度的耕地面积阈值；i 年度 j 水平粮食安全贡献度的山东省粮食单产与全国粮食单产比率 x_{4ij} 的测算值与 i 年度全国粮食单产预测值的乘积即为山东省 i 年度 j 水平粮食安全贡献度的粮食单产阈值；i 年度 j 水平粮食安全贡献度的山东省人口数量占全国人口数量比例 x_{5ij} 的测算值与 i 年度全国人口数量预测值的乘积即为山东省 i 年度 j 水平粮食安全贡献度的人口数量阈值，相应阈值算式如下：

$$\begin{cases} A_{\min ij} = x_{1ij} \times 1.2 \times 10^8 \\ M_{\min ij} = x_{2ij} \\ S_{\min ij} = x_{3ij} \\ Y_{\min ij} = x_{4ij} \times F_{Yi} \\ P_{\max ij} = x_{5ij} \times F_{Pi} \end{cases} \qquad 算式（3-2）$$

其中，$A_{\min ij}$ 为山东省 i 年度 j 水平粮食安全贡献度的最小耕地面积（hm^2）阈值，$M_{min_{ij}}$ 为山东省 i 年度 j 水平粮食安全贡献度的最小复种指数（％）阈值，$S_{min_{ij}}$ 为山东省 i 年度 j 水平粮食安全贡献度的最小粮食播种面积比例（％）阈值，$Y_{min_{ij}}$ 为山东省 i 年度 j 水平粮食安全贡献度的最小粮食单产（kg/hm^2）阈值，$P_{max_{ij}}$ 为山东省 i 年度 j 水平粮食安全贡献度的最大人口数量（万人）阈值，F_{Yi} 为 i 年度全国粮食单产预测值，F_{Pi} 为 i 年度全国人口数量预测值。

3.4.2.2　系列阈值计算

分别以系列测算值为因变量，以对应年度的山东省粮食安全贡献度多元线性回归方程的其他自变量及设定的不同粮食安全度水平为自变量，代入算式（3-1），逐一求得 2015、2020、2025、2030 年不同粮食安全贡献度水平量值下山东省耕地面积占全国耕地面积比例、复种指数、粮食播种面积占农作物播种面积比例、粮食单产占全国粮食单产比率及人口数量占全国人口数量比例的系列测算值（表 3-12）。

表 3-12　山东省粮食安全贡献度多元线性回归方程各自变量预测值

预测值 (％)	2015 年			2020 年			2025 年			2030 年		
	10％	6％	3％	10％	6％	3％	10％	6％	3％	10％	6％	3％
x_{1ij}	6.55	6.29	6.09	6.56	6.30	6.10	6.58	6.31	6.11	6.59	6.32	6.12
x_{2ij}	197.15	189.28	183.38	210.79	202.92	197.02	224.43	216.57	210.66	238.08	230.21	224.31
x_{3ij}	86.62	78.55	72.50	96.50	88.43	82.38	106.38	98.31	92.26	116.26	108.19	102.13
x_{4ij}	134.85	128.94	124.51	137.93	132.02	127.59	141.01	135.11	130.68	144.10	138.19	133.76
x_{5ij}	5.85	6.44	6.89	5.37	5.97	6.41	4.89	5.49	5.94	4.42	5.01	5.46

以 1978—2010 年全国粮食单产为基础数据，用线性回归预测法对 2015、2020、2025、2030 年全国粮食单产进行预测（回归方程为 $y = 67.517x + 2\,844.8$），求得 $x = 38$（2015 年）、43

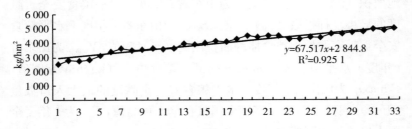

图 3 - 16 全国粮食单产线性回归预测

资料来源：根据历年《中国统计年鉴》整理，

（2020 年）、48（2025 年）和 53（2030 年）的全国粮食单产的预测值 F_{Yi} 分别为 5 410.52、5 748.12、6 085.71 和 6 423.31（图 3 - 16）。据联合国经济及社会事务部人口司发布的世界人口预测，我国 2015、2020、2025、2030 年人口数量将分别达到 13.8 亿、14.2 亿、14.5 亿和 14.7 亿（United Nations，Department of Economic and Social Affairs，Population Division，2011）。分别把表 3 - 12 中的系列预测值和上述不同年份全国粮食单产及人口数量预测值代入算式（3 - 2），求得 2015、2020、2025、2030 年不同粮食安全贡献度水平量值下山东省耕地面积、复种指数、粮食播种面积占农作物播种面积比例、粮食单产和人口数量的阈值（表 3 - 13）。

表 3 - 13   不同粮食安全贡献度量值水平下的 2015—2030 年
山东省种植制度系列阈值

年度	贡献度量值	阈 值				
		耕地面积（万 hm²）	复种指数（%）	粮播比例（%）	粮食单产（kg/hm²）	人口数量（万人）
2015	10%	786.35	197.15	86.62	7 295.96	8 068.70
	6%	754.44	189.28	78.55	6 976.30	8 891.37
	3%	730.52	183.38	72.50	6 736.55	9 508.37

（续）

年度	贡献度量值	阈值				
		耕地面积（万 hm²）	复种指数（％）	粮播比例（％）	粮食单产（kg/hm²）	人口数量（万人）
2020	10％	787.77	210.79	96.50	7 928.45	7 626.24
	6％	755.86	202.92	88.43	7 588.84	8 472.76
	3％	731.94	197.02	82.38	7 334.13	9 107.65
2025	10％	789.19	224.43	106.38	8 581.74	7 096.75
	6％	757.28	216.57	98.31	8 222.18	7 961.15
	3％	733.36	210.66	92.26	7 952.51	8 609.45
2030	10％	790.61	238.08	116.26	9 255.86	6 494.49
	6％	758.71	230.21	108.19	8 876.36	7 370.82
	3％	734.78	224.31	102.13	8 591.73	8 028.06

3.5 山东省粮食安全贡献度影响因子类型划分

3.5.1 耕地面积和人口数量已成为山东省粮食安全贡献度的约束性影响因素

2010 年山东省的耕地面积为 751.08 万 hm²，接近于表 3—13 中预测的 2015、2020、2025 和 2030 年保障中水平量值（6％）粮食安全贡献度所需的最小土地面积阈值（754.44、755.86、757.28 和 758.71），远远小于相应年度保障高水平量值（10％）粮食安全贡献度所需的最小土地面积阈值（786.35、787.77、789.19 和 790.61）。由此可以看出，耕地面积已经成为山东省粮食安全贡献度的约束性影响因素。2010 年山东省的人口数量为 9588 万人，高于表 3—13 中预测的 2015、2020、2025 和 2030 年各水平量值粮食安全贡献度所对应的所有最大人口阈值。可见，人口数量也已经成为山东省粮食安全贡献度的约束性影响因素。

3.5.2 自 2020 年起，复种指数将成为山东省粮食安全贡献度的约束性影响因素

按诸多学者（范锦龙，吴炳方，2004；金姝兰，等，2011）算得的山东省最大复种指数潜力值 199.5％来看，此最大潜力值仅高于表 3—13 中预测的 2015 年实现设定粮食安全贡献度量值的最小复种指数阈值，而低于 2020、2025 和 2030 年实现设定粮食安全贡献度量值的相应最小复种指数阈值。由此可见，自 2020 年起，复种指数将成为山东省粮食安全贡献度的约束性影响因素。

3.5.3 自 2025 年起，粮食播种面积将成为山东省粮食安全贡献度的约束性影响因素

从表 3‐13 可以看出，要保障 2020 年的山东省高水平粮食安全贡献度需要的最小粮食播种面积占农作物播种面积比例阈值为 96.50％，从 2025 年的高水平粮食安全贡献度开始，粮食播种面积占农作物播种面积比例将成为山东省粮食安全贡献度的约束性影响因素。

3.5.4 山东省粮食安全贡献度影响因素类型划分

基于上述分析，以对粮食安全贡献度影响程度和能否调节为依据，可将影响山东省粮食安全贡献度的五个影响因素划分为显著性不可调影响因子、非显著性可调节影响因子和显著性可调节影响因子三种类型。其中耕地面积和人口数量为显著性不可调影响因子，复种指数为非显著性可调节影响因子，粮食播种面积比例和粮食单产为显著性可调节影响因子。

3.6 2010 年山东省粮食安全贡献度阈值计算

以 2010 年全国和山东省种植制度的统计数据为基础，保持山东省耕地面积、复种指数、粮食单产和人口数量的当年水平，通过算式（3‐1）、算式（3‐2）可以得出，要使山东省粮食安

全贡献度由当年的 4.36％提高到 6％和 10％的设定量值，粮播比例的最小阈值分别为 70.81％和 78.88％（2010 年实际粮播比例为 65.49％）；而保持山东省耕地面积、复种指数、粮播比例和人口数量的当年水平，通过算式（3-1）、算式（3-2）可以得出，要使山东省粮食安全贡献度由当年的 4.36％提高到 6％和 10％，粮食单产的最小阈值分别为 6 313.79kg/hm² 和 6 607.66kg/hm²（2010 年实际粮食单产为 6 120kg/hm²），见表3-14。

表 3-14　2010 年不同设定粮食安全贡献度量值下的山东省粮播比例和粮食产量阈值及实际值

显著性可调节影响因子	设定粮食安全贡献度下的显著性可调节影响因子阈值		2010 年显著性可调节影响因子实际值
	6％	10％	
粮播比例（％）	70.81	78.88	65.49
粮食单产（kg/hm²）	6 313.79	6 607.66	6 120.00

3.7　不同年份不同粮食安全贡献度种植制度阈值测算

以 1978—2010 年山东省人口占全国人口比例为基础数据，用线性回归预测法对 2020、2030 年山东省人口占全国人口比例进行线性回归预测（回归方程为 $y = -0.000\ 1x + 0.074\ 3$），求得 $x=43$（2020 年）和 53（2030 年）的山东省人口占全国人口比例的预测值 F_{Yi} 分别为 0.070 和 0.069（图 3-17）。

以 1978—2010 年山东省粮食单产为基础数据，用线性回归预测法对 2020、2030 年山东省粮食单产进行线性回归预测（回归方程为 $y=104.84x+2\ 849.5$），求得 $x=43$（2020 年）和 53（2030 年）的山东省粮食单产的预测值 F_{Yi} 分别为 7 357.62 和

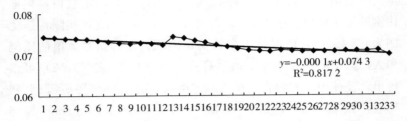

图 3-17　山东省人口占全国人口比例线性回归预测

资料来源：根据历年《山东省统计年鉴》和《山东省各地市统计年鉴》整理。

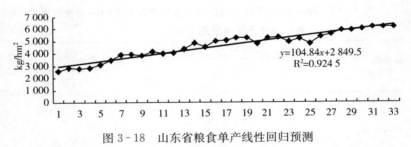

图 3-18　山东省粮食单产线性回归预测

资料来源：根据历年《山东省统计年鉴》和《山东省各地市统计年鉴》整理。

8 406.02kg/hm² （图 3-18）。3.4.2.2 已求得 2020 和 2030 年的全国粮食单产的预测值 F_{Yi} 分别为 5 748.12 和 6 423.31 kg/hm²。从而求得 2020 和 2030 年山东省粮食单产比率分别为 1.28 和 1.31。

　　将当前山东省复种指数和粮食播种面积比例及以上求得的 2020、2030 年山东省粮食单产占全国粮食单产的比率、山东省人口数量占全国人口数量比例的相关数值代入算式（3-1）、算式（3-2），求得 2020 年和 2030 年山东省达到不同粮食贡献度设定水平的最小耕地阈值。经测算，到 2020 年要使山东省粮食安全贡献度达到 3% 和 6% 的设定水平，其种植制度的阈值分别为：耕地面积不少于 708.68 万 hm² 和 732.61 万 hm²，复种指数

不低于 170%，粮食播种面积比例不低于 70%，粮食单产不低于
7 357.62 kg/hm²，人口不超过 9 940 万；而在保持其他阈值不
变的前提下，全省粮食安全度要达到 10% 的设定水平，耕地面
积不少于当前的 751.76 万 hm²，粮食播种面积比例不低于
75%。到 2030 年，要使山东省粮食安全贡献度达到 3%、6% 和
10% 的设定水平，其种植制度的阈值分别为：耕地面积不少于
687.13 万 hm²、711.06 万 hm² 和 742.96 万 hm²，复种指数不低
于 170%，粮食播种面积比例不低于 70%，粮食单产不低于 8
406.02kg/hm²，人口不超过 10 143 万（表 3 - 15）。

表 3 - 15　2020、2030 年山东省不同粮食安全贡献度水平的种植制度阈值

种植制度指标	2020 年			2030 年		
	3%	6%	10%	3%	6%	10%
耕地面积（万 hm²）	708.68	732.61	751.76	687.13	711.06	742.96
复种指数（%）	170	170	170	170	170	170
粮食播种面积比例（%）	70	70	75	70	70	70
粮食单产（kg/hm²）	7 357.62	7 357.62	7 357.62	8 406.02	8 406.02	8 406.02
人口数量（万）	9 940	9 940	9 940	10 143	10 143	10 143

第四章 山东省粮食安全和种植制度的主要经济和社会影响因素分析

4.1 山东省粮食生产农民问卷调查分析

为更好地了解山东省粮食生产的基本情况，找准影响山东省粮食安全和种植制度的经济和社会影响因素，我们设计了《山东省粮食生产农民调查问卷》（附录 4），面向全省各地市的 73 个国家新增千亿斤粮食产能任务县开展了问卷调查。共发放调查问卷 3000 份，收回问卷 2996 份，其中有效问卷 2967 份，经认真分析，我们可以对山东省粮食生产状况有一个初步的判断。

4.1.1 粮食生产规模化程度较低，生产者素质较低，兼业化程度较高

在收回的 2967 份有效问卷中，种植规模在 1hm² 以下的占 43.75%，其中粮食作物占 20.68%；种植规模在 1～3hm² 的占 40.31%，其中粮食作物占 29.29%；种植规模在 3～6hm² 的占 8.12%，其中粮食作物占 6.01%；种植规模在 6hm² 以上的占 7.82%，全部为粮食作物。由此可见，全省粮食种植比例虽达到 63.80%，种植面积在 3hm² 以上的作物主要是粮食，但由于规模化种植所占比例较小，山东省粮食生产的规模化程度依然较低（表 4-1）。

表 4-1 调查对象的年龄、种植规模和种植作物情况

有效问卷	年龄（岁）				种植规模（hm²）				种植主要作物			
	30以下	30~40	40~50	50以上	1以下	1~3	3~6	6以上	粮食	棉花	花生	蔬菜
份数	707	866	803	591	1 298	1 196	241	232	1 893	209	236	629
比例（%）	23.83	29.19	27.06	19.92	43.75	40.31	8.12	7.82	63.80	7.05	7.95	21.20

资料来源：根据面向山东省各地市的73个国家新增千亿斤粮食产能任务县开展的2967份《山东省粮食生产农民调查问卷》整理。

表 4-2 调查对象的主要收入来源、文化程度和对种地的时间和精力投入情况

年龄（岁）	主要收入来源（%）				文化程度（%）				种地投入时间和精力（%）			
	种植	养殖	打工	经商	初中以下	初中	高中	大专以上	全部	大部分	少部分	极少
30以下	4.58	6.37	9.54	3.34	2.79	9.03	11.34	0.67	1.35	3.39	11.37	7.72
30~40	5.72	7.14	11.76	4.57	4.08	13.56	11.25	0.30	1.65	4.12	14.39	9.03
40~50	6.66	7.05	9.12	4.23	5.67	13.43	7.88	0.10	1.58	5.19	11.45	8.86
50以上	7.11	5.45	5.31	2.05	6.31	9.47	4.12	0	1.95	5.39	7.84	4.72
合计	24.07	26.01	35.73	14.19	18.85	45.49	34.59	1.07	6.53	18.09	45.05	30.33

资料来源：根据面向山东省各地市的73个国家新增千亿斤粮食产能任务县开展的2967份《山东省粮食生产农民调查问卷》整理。

从调查对象的年龄、主要收入来源和文化程度来看，40 岁以下的虽然占 53.02％，但是以种植业为主要收入来源的仅占 10.30％，小于以种植业为主要收入来源的 40 岁以上比例（13.77％）；文化程度为高中以上虽然占到 35.66％，但以 40 岁以下居多（23.56％），且以种植业为主要收入来源的比例数更小（低于 5％）。由此可见，山东省粮食生产者的整体素质依然较低。从调查对象的主要收入来源和种地投入的时间和精力来看，以种植业为主要收入来源的调查对象仅为 24.07％，对于种地投入少部分时间和精力的比例为 45.05％，投入极少时间和精力的比例为 30.33，仅有 24.64％的调查对象把大部分或全部时间和精力投入到种地中。由此可见，山东省粮食生产的兼业化程度较高（表 4-1、表 4-2）。

4.1.2 受种粮比较效益低的影响，农民种粮多是为了规避农业生产风险或节省工时

在收回的 2967 份有效问卷中，有 2721 个调查对象认为种粮比较效益低，占 91.71％；有 177 个调查对象认为种粮与种植其他作物差不多，占 5.97％；只有 13 个调查对象认为种粮比较效益高，仅占 0.44％。从种粮的原因来看，有 1820 个调查对象是因为风险小，占 61.34％；有 1059 个调查对象是因为省工省时，占 35.69％；只有 17 个调查对象是因为效益高而种粮，仅占 0.57％。从种粮的目的来看，有 1930 份问卷选择满足家人口粮需要，占 65.05％；有 689 份问卷选择增加收入，占 23.22％；只有 16 份问卷选择为国家粮食安全做贡献，占 0.54％。由此可见，山东省粮食种植的比较效益依然较低，规避农业生产风险或节省工时依然是农民种粮的主要原因，自给自足依然是粮食生产的主要目的（表 4-3）。

表 4 - 3　调查对象对种粮效益的认识、种粮原因及种粮目的情况

有效问卷	种粮比较效益				种粮原因				种粮目的			
	高	差不多	低	说不清	效益高	风险小	省工省时	其他	为国家粮食安全做贡献	增加收入	满足家人口粮需要	其他
份数	13	177	2721	56	17	1 820	1 059	71	16	689	1 930	332
比例（％）	0.44	5.97	91.71	1.89	0.57	61.34	35.69	2.39	0.54	23.22	65.05	11.19

　　资料来源：根据面向山东省各地市的 73 个国家新增千亿斤粮食产能任务县开展的 2967 份《山东省粮食生产农民调查问卷》整理。

表 4 - 4　调查对象对粮食生产和提高粮食单产的认识情况

有效问卷	粮食生产主要制约因素				提高粮食单产主要制约因素			
	效益低	风险高	生产条件差	生产者素质低	投入产出比低	生产条件差	生产者素质低	生产规模小
份数	2 351	22	517	77	2 069	638	93	167
比例（％）	79.24	0.74	17.43	2.60	69.73	21.50	3.13	5.63

　　资料来源：根据面向山东省各地市的 73 个国家新增千亿斤粮食产能任务县开展的 2967 份《山东省粮食生产农民调查问卷》整理。

4.1.3　效益低和投入产出比低是粮食生产和提高粮食单产的主要制约因素

　　在收回的 2 967 份有效问卷中，有 2351 份认为效益低是粮食生产的主要制约因素，占 79.24％；有 517 份认为生产条件差是粮食生产的主要制约因素，占 17.43％。可见效益低是被公认的山东省粮食生产的主要制约因素。有 2 069 份调查问卷认为投入产出比低是粮食单产提高的主要制约因素，占有效问卷的 69.73％；有 638 份调查问卷认为生产条件差是提高粮食单产的主要制约因素，占有效问卷的 21.50％；而认为生产规模小和生产者素质低的调查问卷分别占 5.63％和 3.13％（表 4 - 4）。由此可见，投入产出比低是比较公认的制约山东省粮食单产提高的主要因素。

4.1.4 农民对流转土地心存顾虑，对农村合作组织缺乏信任度，土地流转和加入合作组织的积极性不高，较大程度地影响着规模化粮食生产的进程

从农民土地流转的意愿上看，有 399 份问卷愿意流转土地，仅占总有效问卷的 13.45%；有 567 份问卷不愿意流转土地，占总有效问卷的 19.11%；视情况而定的问卷有 1 963 份，占总有效问卷的 66.16%。从农民对土地流转的顾虑上看，担心国家政策有变化的问卷有 649 份，占总有效问卷的 21.87%；对土地流转价格有疑虑的问卷 303 份，占总有效问卷的 10.21%；对流转资金能否兑现有疑虑的问卷有 1142 份，占总有效问卷的 38.49%；担心种地以外收入不稳定的问卷有 873 份，占总有效问卷的 29.42%（表 4 - 5）。由此可见，导致在土地流转意愿上出现 66.16%"视情况而定"现象的主要原因是农民对土地流转过程中流转资金能否兑现、种地外收入是否稳定、国家政策有无变化和流转价格是否合理等方面心存顾虑。

表 4 - 5　调查对象对土地流转的意愿和顾虑

有效问卷	土地流转意愿				对土地流转的顾虑			
	愿意	不愿意	视情况而定	说不好	国家政策有无变化	流转价格是否合理	流转资金能否兑现	种地外收入是否稳定
份数	399	567	1963	38	649	303	1 142	873
比例（%）	13.45	19.11	66.16	1.28	21.87	10.21	38.49	29.42

资料来源：根据面向山东省各地市的 73 个国家新增千亿斤粮食产能任务县开展的 2967 份《山东省粮食生产农民调查问卷》整理。

表 4 - 6　调查对象对加入农村专业合作组织的意愿和顾虑

有效问卷	加入农村合作组织的意愿				对农村合作组织的顾虑			
	愿意	不愿意	视情况而定	说不好	发起者能否真正代表成员的利益	能否提高生产效益	能否有效抵御市场风险	能否有良好的发展前景
份数	423	539	1 933	72	981	1 126	661	199
比例（%）	14.26	18.17	65.15	2.43	33.06	37.95	22.28	6.71

资料来源：根据面向山东省各地市的 73 个国家新增千亿斤粮食产能任务县开展的 2967 份《山东省粮食生产农民调查问卷》整理。

从农民加入农村合作组织的意愿上看，有 423 份问卷表示愿意，占总有效问卷的 14.26%；有 539 份问卷表示不愿意，占总有效问卷的 18.17%；视情况而定的问卷有 1 933 份，占总有效问卷的 65.15%。从农民对农村合作组织的顾虑上看，对发起者能否真正代表成员利益有疑虑的问卷 981 份，占总有效问卷的 33.06%；对合作组织能否提高生产效益有疑虑的问卷 1126 份，占总有效问卷的 37.95%；对合作组织能否有效抵御市场风险有疑虑的问卷有 661 份，占总有效问卷的 22.28%；担心合作社发展前景的问卷有 199 份，占总有效问卷的 6.71%（表 4-6）。由此可见，农民对农村合作组织在能否提高生产效益、发起者是否真正代表成员利益、能否有效抵御市场风险和能否有良好的发展前景等方面的不信任，是导致对加入农村合作组织"视情况而定"意愿高达 65.15% 的主要原因。

4.2 山东省粮食安全和种植制度的主要经济影响因素分析

从《山东省粮食生产农民调查问卷》的分析情况看，农业生产比较效益低是影响山东省种植制度可持续发展的主要经济因素，而粮食生产比较效益低则是影响山东省粮食安全的主要经济因素。

4.2.1 农业生产比较效益低是影响山东省种植制度可持续发展的主要经济因素

4.2.1.1 工资性收入比例上升 27.23 个百分点，经营性收入比例下降 29.67 个百分点

自 1983 年山东省全面实施家庭联产承包责任制以来，随着农村居民人均纯收入的不断增加，山东省农村居民的收入结构发生了较大的变化，农村居民家庭人均经营纯收入的比重逐年降

低，农村居民人均工资性纯收入比重逐年升高，且已成为农民收入增长的重要来源。1983 年，山东省农村居民家庭人均经营纯收入占全省农村居民人均纯收入的 79.12％，农村居民人均工资性纯收入占全省农村居民人均纯收入的 15.09％，农村居民人均工资性纯收入增加在农村居民人均纯收入增加中的贡献率仅为25.47％。到 2010 年，山东省农村居民家庭人均经营纯收入占全省农村居民人均纯收入的比例下降到 49.45％，年平均下降 1.10个百分点；农村居民人均工资性纯收入占全省农村居民人均纯收入的比例提高到 42.32％，年平均增长 1.01 个百分点；农村居民人均工资性纯收入增加在农村居民人均纯收入增加中的贡献率增加为 52.95％。(图 4-1)。

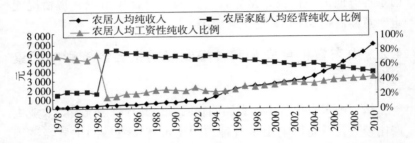

图 4-1　1978—2010 年山东省农村居民人均纯收入及其结构比例
资料来源：根据历年《山东省统计年鉴》整理。

4.2.1.2　农业生产比较效益降低至 30 年前的 1/30，且持续下降的趋势明显

自 1983 年全面实施家庭联产承包责任制以来，山东省农业生产效益不断降低。按一个中青年农村劳动力平均经营 0.3hm² 耕地计算，经调查，20 世纪 80 年代，种地一年的纯收入可达350 元左右，外出务工人员较少，年人均外出务工收入为 420 元左右，种地一年差不多相当于外出务工 10 个月；90 年代，种地

一年的纯收入上升到 700 元左右，外出务工人员增多，年人均外出务工收入为 2 000 元左右，种地一年差不多相当于外出务工 4 个月；2000—2004 年，种地一年的纯收入为 800 元左右，年人均外出务工收入为 5 000 元左右，种地一年差不多相当于外出务工 2 个月；2004—2006 年，种地一年的纯收入为 1 000 元左右，年人均外出务工收入为 13 000 元左右，种地一年差不多相当于外出务工 1 个月；2006—2008 年，种地一年的纯收入仍为 1 000 元左右，年人均外出务工收入为 20 000 元左右，种地一年差不多相当于外出务工 20 天；近两年来，种地一年的纯收入几乎没有增长，年人均外出务工收入达到 30 000 元以上，种地一年差不多相当于外出务工 10 天。这种农业生产比较效益持续降低的趋势，将随着我国"人口红利"的逐渐消失和"刘易斯拐点"的来临而体现得愈加明显。

4.2.2　种粮效益低是影响山东省粮食安全的主要经济因素

4.2.2.1　粮食售价年增长率为 8.53%，生产成本年增长率为 6.80%，粮食生产直接效益低的现象并未得到改变

从山东省主要粮食作物小麦和玉米的生产效益分析情况来看，2003—2010 年小麦和玉米的平均售价呈现出显著的上升趋势，但由于生产成本的逐年上升，小麦、玉米生产的净利润并没有明显的提高，粮食生产的直接效益多年来一直维持在较低的水平。2003 年每 50kg 小麦的平均售价为 56.42 元，生产成本为 63.05 元；每 50kg 玉米的平均售价为 52.74 元，生产成本为 44.81 元。2010 年每 50kg 小麦的平均售价增长为 97.01 元，生产成本增长为 76.95 元；每 50kg 玉米的平均售价增长为 86.73 元，生产成本增长为 66.61 元。2003—2010 年小麦和玉米的平均售价年平均增长率分别为 8.99% 和 8.06%，而小麦和玉米的生产成本年平均增长率则分别达到了 7.51% 和 6.08%（图 4-2、

图 4 - 3)。

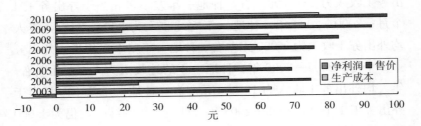

图 4 - 2　2003—2010 年每 50kg 小麦售价、生产成本和净利润

资料来源：根据 2003—2010 年《中国农村统计年鉴》整理。

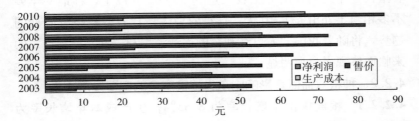

图 4 - 3　2003—2010 年每 50kg 玉米售价、生产成本和净利润

资料来源：根据 2003—2010 年《中国粮食年鉴》整理。

　　长期以来，这种主要粮食作物平均售价与生产成本的同步增长和近似于相等的增长幅度，使得提高粮食单产的投入过大、成本过高，粮食生产直接效益低，影响着农民种粮的积极性，成为山东省粮食安全的主要影响因素之一。

4.2.2.2　非粮作物种植效益是粮食作物种植效益的 2 倍以上，非粮作物种植比例大幅上升，粮食作物种植比例持续下降

　　多年来，受诸多因素的影响，山东粮食作物种植的比较效益一直处于较低水平。2004 年以来，随着国家种粮直补政策的实施和农业税的取消，种粮比较效益低的现象虽然有所缓解，但依然较为突出。2003 年小麦和玉米每公顷净利润分别为－545.55

元和 925.65 元，而棉花和花生每公顷净利润则分别为 6 800.85
元和 2 358.90 元；2004 年，四种主要作物的每公顷净利润分别
为 2 543.70 元、2 024.10 元、3 345.75 元和 4 772.85 元。
2004—2010 年，粮食作物小麦、玉米的每公顷净利润呈现较为
明显的上升趋势，非粮作物棉花和花生除 2008 年波动较大外，
每公顷净利润也呈现出较为明显的上升趋势。非粮作物棉花和花
生 2004—2010 年平均每公顷净利润分别为小麦每公顷净利润的
2 倍和 3 倍，为玉米每公顷净利润的 1.66 倍和 2.49 倍。由此可
见，种植花生、棉花等经济作物的每公顷净利润大于玉米、小麦
等粮食作物（表 4 - 7）。由于蔬菜品种多、种植面积变化大、生
产成本和销售价格不一，虽没有确切的经济效益统计数字，但农
业生产中素有的"一亩菜十亩粮"的粮菜种植比较效益的形象说
法，说明蔬菜种植效益高于其他经济作物，更是远远高出粮食作
物。这种长期以来低水平的粮食种植比较效益，严重影响着山东
省的粮食安全。

表 4 - 7　2003—2010 年主要粮食和非粮作物种植效益

年份	每公顷净利润（元）			
	小麦	玉米	棉花	花生
2003	−545.55	925.65	6 800.85	2 358.90
2004	2 543.70	2 024.10	3 345.75	4 772.85
2005	1 190.25	1 433.10	4 970.40	3 053.85
2006	1 765.35	2 171.40	5 035.80	5 593.50
2007	1 879.50	3 012.30	5 818.80	9 300.15
2008	2 467.65	2 388.30	−250.65	3 845.85
2009	2 257.65	2 630.55	4 628.85	8 195.70
2010	2 419.05	2 945.40	5 468.55	8 868.45

资料来源：根据 2003—2010 年《中国农村统计年鉴》整理。

棉花和蔬菜种植比例大幅度上升导致粮食作物种植比例持续下降。1978—2010 年，山东省的农作物总播种面积呈现出波浪式波动变化，但总面积基本稳定在 1 050 万～1 100 万 hm² 之间。而期间的全省粮食播种面积占农作物总播种面积比例虽有一定程度的上下波动，但总体呈现出较为明显的持续下降趋势（图 4 - 4）。从 1978—2010 年期间山东省非粮作物播种面积占农作物总播种面积比例看，油料作物和其他作物播种面积比例基本维持在 6%～9% 和 3%～5% 的水平，波动幅度不大，且变化趋势也较为平稳。而棉花播种面积比例则明显以 1993 年为时间分界线，1993 年以前，山东省棉花播种面积比例常年维持在 10%～15% 之间，且棉花播种比例的波动趋势基本决定着全省非粮作物种植比例的波动趋势；1993 年全省棉花播种面积比例出现大幅度下降（由 1992 年的 13.7% 降至 7.1%），此后的多数年份维持在 6%～8% 之间。1993 年同样是山东省蔬菜种植面积比例的时间分界线，1993 年以前，山东省蔬菜种植面积比例较小，常年稳定在 2%～4% 之间的水平；自 1993 年开始，山东省蔬菜种植面积比例呈现出大幅度上升趋势，2004 年后虽有所回落，但全省蔬菜种植面积比例依然维持在 15% 以上的较高水平，且自 1993 年以来，蔬菜种植面积比例的变化趋势决定了全省非粮作物种植面积比例的变化趋势。由此可见，1978—1993 年山东省粮食播种面积比例下降的主要原因是棉花播种面积的上升，而 1993—2010 年山东省粮食播种面积比例下降则主要是由于种植效益较高的蔬菜种植面积的上升引起的（图 4 - 5）。

4. 2. 2. 3 种粮直补和农资综合直补额度 7 年增长 529. 45%，占粮食生产纯利润比例增长 21. 19 个百分点

从图 4 - 3 可以看出，自 1999 年以来，山东省粮食播种面积比例出现了较大幅度的下降，2004 年下降到 58.59% 的历史最低

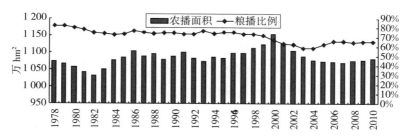

图 4 - 4　1978—2010 年山东省农作物播种面积和粮播比例

资料来源：根据历年《山东省统计年鉴》和《山东省各地市统计年鉴》整理。

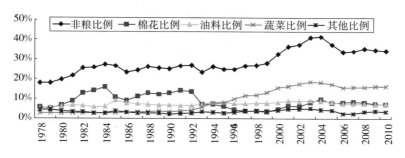

图 4 - 5　1978—2010 年山东省非粮作物播种比例

资料来源：根据历年《山东省统计年鉴》和《山东省各地市统计年鉴》整理。

水平。2004 年实施粮食种植补贴政策，当年全省种粮直补金额为 198.15 元/hm²，占每公顷粮食生产纯利润的 6.74%，受种粮效益提高的拉动，山东省粮食播种面积比例开始回升，2005 年回升为 62.52%。2006 年取消了农业税并大幅度增加了种粮直补和农资综合直补，山东省种粮直补和农资综合直补金额达到 521.70 元/hm²，占每公顷粮食生产纯利润的 18.09%，种粮效益有所提高，全省粮食播种面积比例也随之回升为 66.27%，期间种粮直补和农资综合直补对山东省粮食播种面积比例的拉动效果较为明显。自 2007 年以来，山东省每公顷种粮直补和农资综合直补保持了持续增长的势头，2010 年达到 1 247.25 元/hm²，占每公顷粮食生产纯利润的比例上升为 27.93%，但受粮食生产成本高和粮食与经济作物价格差距大等因素的影响，种粮直接效益增长不大，比较效益持续降低，全省粮食播种面积比例出现波动式下降趋势（图 4-6）。

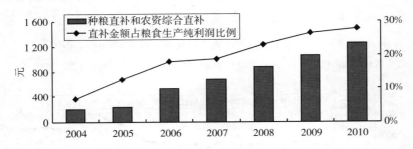

图 4-6　2004—2010 年山东省每公顷粮食直补和农资综合

直补金额及占粮食生产纯利润比例

资料来源：根据 2004—2010 年《山东省农村统计年鉴》和山东省农业信息网有关数据整理。

4.3　山东省粮食安全和种植制度的主要社会影响因素分析

4.3.1　耕地数量的减少和质量的下降，影响着山东省的粮食安全和种植制度

随着全省城镇化、工业化的逐步推进，特别是黄河三角洲高效生态经济区和山东半岛蓝色经济区两大国家战略的全面实施，耕地数量逐年减少，日渐紧缺的土地资源，严重制约着山东省粮食安全和种植制度的可持续发展。

山东省不仅耕地资源紧缺，而且优质耕地面积较少，中低产田比重较大，加之受耕地占补平衡政策的影响，许多不适合于粮

食种植的滩涂洼地、丘陵薄地、旧村改造腾出地等被划为耕地，大大降低了全省的耕地质量，较大程度地影响着山东省粮食生产和种植制度的可持续发展。

4.3.2　农业生产主体整体素质的下降和日趋明显的农业兼业化现象，影响着山东省的粮食安全和种植制度

近年来，随着农业生产比较效益的不断降低，越来越多的农村劳动力向非农领域转移，而这些转移的劳动力又以身体素质和文化素质较高的男性中青年居多，这使得留守在家的身体素质和文化素质较低的农村妇女、老年人和小孩被迫担当起了农业生产主体的重任。由于生产者身体素质的下降，使得农业生产效率变低，制约粮食生产和种植制度可持续发展的人力资源因素日渐突出；同样由于生产者文化素质的下降，使得农业科技推广的难度变大，诸多先进的农业生产技术在农业生产中得不到应用，粮食生产和种植制度的发展越来越多地受到科技因素的制约。

长时间以来，农民自给自足式的种粮习惯，使得多数农民把粮食生产仅仅作为满足家庭成员口粮的需要，只是在粮食播种和收获等个别环节和时期投入一定的人力，其余时期长期在外打工，根本无暇顾及农业生产，粮食生产的时间和精力投入大大减少，粮食生产的方式趋于粗放化，更有不少农民因常年在外打工而将土地撂荒，这种普遍存在且日趋明显的农业兼业化现象，已成为粮食生产和种植制度发展不可忽视的制约因素。

4.3.3　低水平的农业规模化生产经营程度，影响着山东省粮食安全和种植制度

长期以来形成的农民对土地的依赖，使得多数农民对土地流转心存顾虑，加之全省现行的土地流转政策还不够健全，以土地流转为重要推手的适度规模生产经营进展缓慢。调查显示，山东省种植规模在 6hm^2 以上的种植户仅 7.82%，以家庭为单位的低

水平农业规模化生产经营仍然是全省农业生产经营的主要模式。这种低水平农业规模化生产经营程度，不仅不利于良种等农业生产技术的推广应用，不利于农业生产的统一标准化管理，而且制约着农业生产机械化程度的提高，使得农业生产的物质投入和劳动力投入成本增加，从而降低了农业生产的直接效益和比较效益，一定程度地影响着山东省的粮食安全和种植制度的可持续发展。

4.3.4 农民日趋独立的主体地位和追求自身效益的最大化，影响着山东省的粮食安全和种植制度

随着家庭联产承包责任制的实施和市场经济体制的逐步完善，农民在新型经济体中的主体地位日趋突显，其独立性和自主性也不断加强，"理性经纪人"的特征体现地越来越明显，农民在农业生产过程中不再一味地听从政府的安排，种什么不种什么完全由农民自己决定。受粮食生产比较效益低的影响，越来越多的农民选择种植非粮作物以获取更高的生产效益。近年来，全省蔬菜等经济作物种植面积挤占粮食播种面积的现象和趋势尤为严重，这必然会对山东省的粮食安全和种植制度可持续发展造成严重影响。

4.3.5 粮食安全相关机制的不健全，影响着山东省的粮食安全和种植制度

粮食生产补偿机制的缺失，影响着山东省的粮食安全和种植制度发展。目前，全省粮食生产补偿机制尚未建立，在当前粮食种植效益低下的情况下，粮食生产得不到应有的经济补偿，粮食生产者和粮食主产区利益得不到应有保障，从而不能有效调动粮食主产区和农民种粮的积极性。

粮食安全指标在全省各级地方政府考核机制中的缺失，影响着山东省的粮食安全和种植制度发展。多年来，山东省对地方政

府的考核指标只局限于单一的 GDP 模式，而缺乏粮食安全的具体量化考核指标，使得地方政府只注重地方经济增长和农民收入的提高，而不愿意向生产效益较低的粮食生产投入太多的精力和财力，地方政府抓粮食生产的积极性没能得到很好地调动。

4.4　规模化粮食生产效益分析

粮食生产效益等于粮食产品收入减去粮食生产成本，增加粮食产品收入和减少粮食生产成本是提高粮食生产效益的两种有效途径，本部分将从分析规模化粮食生产的各个环节入手，来全面分析规模化粮食生产的效益变化过程。

4.4.1　粮食生产效益的影响因素分析

4.4.1.1　粮食生产效益影响因素构架分析

如图 4-7 所示，粮食生产效益的影响因素包括成本因素和效益因素两大类。其中成本因素包括农田基础设施（水塘、机井、泵站、管线、道路等）、物质投入成本（种子、水肥、药剂、农膜、电力、燃油等）、劳动力成本（家庭用工、雇工）、土地成本（自营地、流转地）、农业机械成本和农业技术成本等；效益因素包括粮食产量、粮食价格、国家补贴（种粮直补、农资综合直补、良种补贴、农机购置补贴）、农业机械、农业科技等。在成本因素中农田基础设施投入和农业科技投入主要是由国家承担，而物质投入、劳动力成本和土地成本、农业机械成本则由生产者承担。农业机械和农业科技既需要成本投入，又能提高生产效率和粮食产量，所以是影响粮食生产的成本和效益的双重因素。

4.4.1.2　由于生产总成本增长，出售价格和种粮补贴的增长对种粮效益的拉动效果不够明显

2004—2010 年，每公顷粮食（小麦、玉米）的生产总成本、出售价格和国家补贴均呈现出较为显著的增长趋势。2004 年每

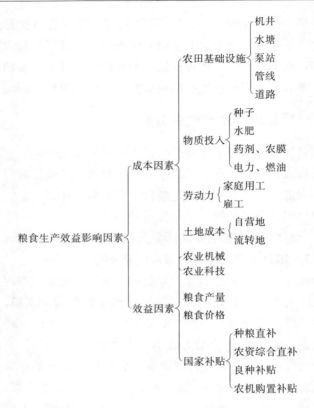

图 4-7 粮食生产效益影响因素构架

公顷粮食（小麦、玉米）的生产总成本为 5 487.15 元，每公顷粮食（小麦、玉米）主产品的出售产值为 3 638.85 元，每公顷粮食（小麦、玉米）的国家补贴（种粮直补和农资综合直补）为 198.15 元；到 2010 年，每公顷粮食（小麦、玉米）的生产总成本、主产品出售产值和国家补贴分别增长为 9 156.37 元、6 527.18 元和 1 247.25 元，年平均增长幅度分别为 11.15%、13.23% 和 88.24%。由此可见，2004—2010 年，每公顷粮食

（小麦、玉米）的主产品售价和国家补贴年平均增长幅度均大于生产成本的年平均增长幅度，但是由于粮食（小麦、玉米）的主产品售价和国家补贴的基数较小，对种粮效益的拉动效果不够明显（图4-8）。

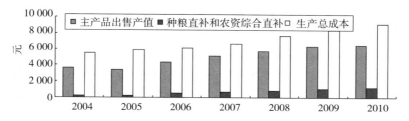

图4-8　2004—2010年每公顷粮食出售产值、国家直补和生产总成本
资料来源：根据2004—2010年《中国农村统计年鉴》整理。

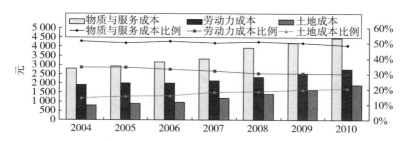

图4-9　2004—2010年每公顷粮食主要生产成本及其占生产总成本比例
资料来源：根据2004—2010年《中国农村统计年鉴》整理。

4.4.1.3　土地成本增长趋势明显，土地成本占生产总成本的比例有所上升，其他成本比例下降

作为粮食生产的主要成本要素，每公顷粮食（小麦、玉米）生产的物质与服务成本、劳动力成本和土地成本在2004—2010年间均呈现出显著的增长趋势。2004年每公顷粮食（小麦、玉米）生产的物质与服务成本为2 805.38元，占生产总成本的51.13%；每公顷粮食（小麦、玉米）生产的劳动力成本为

1 892.48元，占生产总成本的 34.49%；每公顷粮食（小麦、玉米）生产的土地成本为 789.30 元，占生产总成本的 14.38%；2010 年每公顷粮食（小麦、玉米）生产的物质与服务成本、劳动力成本和土地成本分别为 4 427.78 元、2 755.92 元和 1 896.33元，年平均增幅分别为 9.64%、7.60% 和 23.38%，分别占生产总成本的 48.36%、30.10% 和 20.71%。由此可见，2004—2010 年期间，每公顷粮食（小麦、玉米）生产的土地成本增长幅度大于物质与服务成本的增长幅度，大于劳动力成本的增长幅度，土地成本占生产总成本的比例有所上升，而物质与服务成本和劳动力成本占生产总成本的比例则呈现下降趋势（图 4-9）。

4.4.2 不同粮食生产规模典型案例效益分析

4.4.2.1 典型案例的选取

为进一步分析粮食生产规模与粮食生产效益之间的关系，在全国粮食生产先进县（市）山东省平度市分别选择了兰底镇桑园村全国种粮大户王玉芹（2010 年小麦种植面积为 237.33hm²）、麻兰镇东店后村全省种粮大户姜振起（2010 年小麦种植面积为 85.33hm²）、崔家集镇曹家庄村种粮大户崔寿林（2010 年小麦种植面积为 8.87hm²）和寥兰镇杨家丘村村民杨立民（2010 年小麦种植面积为 0.37hm²）为典型案例，对他们 2010 年小麦生产成本和效益进行了调查与分析。

4.4.2.2 不同粮食生产规模典型案例效益分析

由表 4-8 可以看出，种植面积为 0.37hm² 的寥兰镇杨家丘村村民杨立民的纯收入为 2 860 元/hm²，种植面积为 8.87hm² 的崔家集镇曹家庄村村民崔寿林的纯收入为 3 710 元/hm²，种植面积为 85.33hm² 的麻兰镇东店后村村民姜振起的纯收入为 4 845 元/hm²，而种植面积为 237.33hm² 的兰底镇桑园村村民王玉芹的纯收入则达到 5 830 元/hm²。由此可见，规模化粮食生产虽然在土地成本上高于分散的单家农户生产，但是由于物质投入成本的降低，特别是劳动力成本的大幅度降低和产品出售金额的大幅度提高，使得其生产效益明显高于分散的单家农户的种植效益，且粮食种植效益随着种植规模的增加而呈现出明显的增加趋势。而免耕播种、保护性耕作、配方施肥等技术措施在规模化粮食生产过程中的广泛应用和集中统一的精细化管理不仅降低了水肥投入成本，而且大大提高了粮食单产，且规模化小麦生产多是为种业企业繁育小麦新品种，产品价格高于商品粮的价格，从而导致了单位面积产品出售金额的大幅度提高。

表 4 - 8　2010 年山东省平度市不同生产规模小麦生产成本和效益

种植面积	生产成本（元/hm²）							生产效益（元/hm²）			纯收入
（hm²）	耕种收	良种	施肥	浇水	喷药	土地	用工	产品出售	补贴	奖励	（元/hm²）
237.33	1 800	430	3 860	240	290	6 000	1 200	17 550	1 740	360	5 830
85.33	2 050	460	3 900	330	330	6 000	1 500	17 350	1 740	325	4 845
8.87	2 380	505	3 930	400	365	6 000	1 700	17 100	1 740	150	3 710
0.37	2 600	540	4 200	450	390	0	2 700	12 000	1 740	0	2 860

资料来源：根据山东省平度市 3 个不同规模粮食种植户 2010 年小麦生产成本和效益调查材料整理。

第五章 基于粮食安全的山东省种植制度可持续发展对策建议

5.1 保护耕地资源

耕地资源是种植制度可持续发展和保障粮食安全的基础所在。山东省人均耕地少，耕地后备资源不足。近年来，随着全省城镇化、工业化的快速发展和黄河三角洲高效生态经济区、山东半岛蓝色经济区两大国家战略的实施，建设用地的供需矛盾更加突出，农用地特别是耕地的保护面临着更加严峻的形势。为此，必须始终坚持十分珍惜、合理利用土地和切实保护耕地的基本国策，正确处理经济发展和耕地保护的关系，坚持土地资源开发与节约并举，促进土地资源的集约利用和优化配置，实现省域内耕地总量动态平衡，保障全省社会经济可持续发展。

5.1.1 坚持最严格的耕地保护制度

不断增强耕地保护的责任意识和危机意识，健全耕地保护责任考核体系，认真履行基本农田保护制度和耕地占补平衡制度。把保护耕地作为地方政府考核的重要指标，进一步明确保护耕地的责任，确保实现国务院批复的《山东省土地利用总体规划（2006－2020）》中制定的耕地保护目标，即到 2020 年，全省耕地保有量不少于 747.87 万 hm^2，基本农田保护面积不少于 665.36 万 hm^2。到 2030 年，保持山东省现有粮食安全贡献度的耕地保有量不少于 700 万 hm^2。

充分运用先进技术手段，逐步提高耕地保护管理水平。建立耕地保护电子台账，健全耕地的图、表、册等档案资料，建设耕地保护数据库、基本农田监管数据库和补充耕地项目信息报备系统，实现国家、省、市、县四级数据库系统的互联互通和数据的网络传输，充分发挥"批、供、用、补、查"综合监管平台的作用，实现对耕地和基本农田的有效监管，规范耕地占补平衡管理方式，全面提高耕地保护管理水平。

健全规划实施管理制度，加强规划实施动态监管。严格控制新增建设用地规模，强化土地利用总体规划和年度计划对新增建设用地规模、结构和时序安排的调控，严格建设项目用地审批程序，加强农用地转用管理。

5.1.2　实行最严格的节约用地制度

减少建设用地增量，盘活建设用地存量，节约集约利用建设用地。在保证必要建设需求的前提下，从严控制城乡建设用地总规模，积极推行节地型城、镇、村更新改造，重点加快城中村改造，推广各类建设节地技术和模式。整合城镇闲散用地，并在不破坏生态环境的前提下，优先开发缓坡丘陵地、盐碱地、荒草地、裸土地等未利用地和空心村占地、村内空闲地等闲置地，进一步拓展建设用地的新空间。

科学配置工业、工程等和村镇建设用地规模，提高建设用地综合效益。严格执行土地利用总体规划，按照节约集约用地标准，认真审核各类建设用地，调整优化用地规模、结构与布局，提升各类建设用地的效率和效益。完善农村宅基地制度，严格宅基地管理，改善人均住宅面积等相关标准，控制农民超标准建房，合理引导农民相对集中建设住宅，提高农村宅基地的利用效率。

实施城乡建设用地增减挂钩政策，积极推进农用地整理和废弃地复垦。加强散乱、废弃、闲置和低效利用农村建设用地的整治，积极开展旧城镇、旧村庄、旧厂矿的改造复垦，实施低效用地增容改造和治理修复，逐步恢复其农业生产的功能，用以补充减少的耕地指标。

5.2 保障粮食播种面积

粮食播种面积是种植制度可持续发展和保障粮食安全的前提。山东省是我国的粮食主产省，肩负着较大的粮食调出任务。但是，受种粮比较效益长期低下的影响，近年来山东省粮食播种面积大幅度下降，较大程度地影响着粮食安全和山东省种植制度的可持续发展。因此，进一步提高种粮比较效益，保障种粮农民的利益，调动农民种粮的积极性，是增加粮食播种面积，保障粮食安全和种植制度可持续发展的重要对策。到 2030 年，保持山东省现有粮食安全贡献度的粮食播种面积应在 800 万 hm² 以上。

5.2.1 完善种粮补贴制度，发挥补贴对种粮比较效益的拉动作用

加大种粮补贴的力度。自 2004 年对种粮农民实施补贴以来，山东省积极健全完善补贴机制，不断加大补贴力度，年度补贴总额由 2004 年 7.36 亿元，增加到 2010 年的 56.78 亿元，年均增长 31.52%。但与其他经济发达省份相比，还存在一定的差距。应认真贯彻落实党的十六届四中全会确立的"工业反哺农业"和"多予、少取、放活"的新时期"三农"工作方针，充分利用WTO 保护农业的"绿箱"和"黄箱"政策，进一步加大农业补贴的力度，充分发挥种粮补贴对种粮比较效益的拉动作用，不断扩大粮食播种面积。

拓宽种粮补贴的领域。农作物特别是粮食作物不仅是人类的

食物来源，而且在其生长过程中对生态环境起到了较好的保护和调节作用。近年来，随着气候变暖和生态环境的不断恶化，粮食作物的这种生态调控作用日渐明显，理应把生态补贴纳入现有种粮补贴范围，并按粮食播种面积进行发放，通过拓宽种粮补贴范围，进一步拉动种粮比较效益，不断扩大粮食播种面积。

改善种粮补贴的方式。目前，种粮补贴的发放以粮食播种面积为基数进行计算，农民只要种粮，不管粮食产量如何，就能得到相应的补贴。这种不与粮食产量挂钩的补贴方式，只是一定程度上提高了农民粮食播种的积极性，而没有提高农民追求粮食高产的积极性，不利于粮食产量的全面提高。建议将种粮直补的计算标准由粮食播种面积改为粮食产量，并加大对种粮大户的直补数额，突出对粮食产量的补贴作用，促进粮食播种面积和产量的同步提高。

5.2.2　完善价格政策，控制生产成本，进一步提高种粮效益

完善粮食价格政策，适度提高粮食价格。为避免谷贱伤农现象的发生，有效保障粮食生产者的根本利益，保护农民种粮的积极性，国家从 2004 年开始逐步对稻谷和小麦实施了最低收购价政策，并于 2008 年提高了粮食最低收购价格标准，有效地促进了粮食生产。但是，与近年来的国际粮价相比，我国的粮食价格依然偏低。建议进一步完善粮食价格政策，适度提高粮食最低收购价标准，逐步实现与国际粮食市场价格的接轨，稳定农民的粮食价格预期，改现有等级差价为品种和地区差价，体现优质优价，引导全省粮食生产结构的进一步调整。

加强对农资市场的监管，控制粮食生产成本。近年来，由于化肥、农药等农业生产资料价格的不断上涨，粮食生产成本持续增加，种粮比较效益持续降低。建议进一步健全和完善农业生产资料的监管机制，加强对农业生产资料质量和价格的全面监管，

规范农业生产资料的市场运营，实行粮食价格与农资价格、劳动力价格联动政策，适度控制粮食生产成本，进一步提高粮食生产效益，保障粮食播种面积。

5.2.3 发展适度规模化生产，提高种粮效益

健全土地流转政策，推动粮食生产的规模化。在稳定土地家庭承包经营的基础上，建立稳定的土地使用权流转、出让机制，依法规定流转和出让的形式、时限，依法设置条件允许土地使用权拍卖，有效保障农民的合法利益，切实消除广大农民的后顾之忧，减轻农民对土地的依赖程度，逐步建立起民办公助的土地流转合作社，同时建立土地使用权评估和拍卖机制，合理引导土地流转，逐步实现粮食的规模化生产。

加大对规模化粮食生产主体的支持力度，以规模化带动标准化和机械化。加大对种粮"大户"（合作组织）的补贴力度和政策倾斜，允许种粮"大户"（合作组织）以土地为抵押进行小额贷款，优先以优质优价的方式收购种粮"大户"（合作组织）生产的粮食，免费为其提供技术培训和服务，并在农田基本设施建设等方面给予优先考虑和资金倾斜，积极推动适度规模的农业生产。以规模化粮食生产，带动农业生产的标准化和机械化，进一步降低粮食生产成本，提高粮食产品质量，增加种粮效益。

5.2.4 设立粮食生产专项补助资金，补助粮食生产重点区域

保障粮食主产区的利益是保障粮食播种面积的重要措施。粮食主产区担负着粮食生产和供应的重任，但由于长期以来粮食生产的比较效益低，缺乏对粮食主产区粮食生产的优惠政策，使得粮食主产区经济发展的整体水平相对落后，粮食主产区农民收入普遍偏低。因此，在全省专项转移支付名录中设立粮食生产补助资金，按照粮食主产区调出粮食的数量确定支付额度，统一进行专项转移支付，并确保支付金额全部用于补助主产区的粮食生

产，进一步提高粮食主产区粮农收入，彻底改变"农业大市是经济不发达市，产粮大县是贫困县"现象，保护和调动粮食主产区农民种粮的积极性，是保障粮食安全和促进山东省种植制度可持续发展的重要政策措施之一。

5.2.5　建立粮食生产保险机制，保障生产者的基本利益

建立粮食生产保险机制，降低粮食生产的自然和市场风险。粮食生产不仅受气候、气象等自然因素的影响，而且还受国际国内粮食市场的影响。近年来，随着全球气候变暖，干旱、洪涝、低温、严寒、冻雨、冰雹等极端天气明显增多，粮食生产面临的自然风险不断加大；家庭式小规模的农业分散经营模式下形成的小农户直接面对大市场的局面，以及国际粮食市场的频繁波动，使得粮食生产面临着更加严峻的市场风险。日趋严重的自然和市场风险，增加了粮食生产者的顾虑，严重影响了农民从事粮食生产的积极性。因此，建立粮食生产保险机制，最大限度地保证粮食生产者的基本利益，是农民从事粮食生产的"定心丸"。

5.3　提高复种指数

复种指数是保障粮食安全和种植制度可持续发展的重要因素。山东省虽然土地资源紧缺，但地处暖温带季风气候区，降水集中，光照充足，雨热同季，适宜多种农作物生长。近年来，山东省的复种指数长期维持在170％左右，距离199.5％的潜力值还有较大提高的空间。进一步提高复种指数，缓解土地资源紧张的矛盾，是保障粮食安全和山东省种植制度可持续发展的重要措施。

5.3.1　优化菜田农作制，有效利用夏闲田

山东省是我国的蔬菜生产大省，多年来，全省蔬菜种植面积一直维持在170万 hm² 以上。受技术措施、种植习惯等因素的影

响，全省每年大约有近 100 万 hm² 的菜田处于夏季闲置状态，造成了较大程度的土地资源浪费。合理设计菜田农作模式，进一步优化菜田农作制，充分利用光热资源，增加糯玉米等粮食作物的间套作面积，进一步提高复种指数，发挥好间混套作技术的增产增效作用，有效利用夏闲田，是保障粮食安全和山东省种植制度可持续发展的又一重要措施。

5.3.2 加强农机农艺的有机结合，提高间混套作的机械化程度

近年来，山东省的复种指数虽一直高于全国平均水平，但受生产成本特别是劳动力成本高等因素的影响，山东省复种指数的潜力难以得到充分的挖掘。加强农机农艺的有机结合，积极开展适合于间混套作的各类农业机械的研发，突破传统间混套作的机械化制约因素，提高间混套作的机械化程度，增加间混套作的生产效益，是进一步提高复种指数，提高土地资源利用率的有效途径。

5.4 提高粮食单产水平

粮食单产是保障粮食安全和种植制度可持续发展的重要因素。多年来，山东省保持了粮食生产投入的较高水平，粮食单产也一直高于全国平均水平。但是，受科技创新能力、土地资源基础、增产技术措施等因素的制约，山东省粮食单产水平提高的潜力还需进一步挖掘。进一步提高粮食单产，依然是保障粮食安全，推动山东省种植制度可持续发展的重要措施。到 2030 年，保持山东省现有粮食安全贡献度的粮食单产应在 8 400kg/hm²以上。

5.4.1 加强现代农业产业技术体系建设，提高农业科技创新能力和农技推广服务水平

在已经启动的山东省小麦、玉米现代农业产业技术体系粮食

作物创新团队的基础上，结合全省粮食生产实际，尽快组建豆类、薯类等粮食作物的现代农业产业技术体系创新团队，并做好与国家相应创新团队的衔接与协调，依托全省优势创新资源，围绕山东省现代农业产业发展和粮食生产需求，加强高产优质粮食作物新品种的选育和节本高效生态栽培技术的集成开发工作，进一步提高全省的良种普及率和良种良法的配套率，全面提高科技对全省粮食单产的贡献率。

5.4.2　加强土地保育，提高土壤肥力

全面推广测土配方施肥技术，根据不同粮食作物生长需求，科学使用化肥等农业投入品，提高粮食作物的单产水平。大力推广秸秆还田技术，并结合增施有机肥，提高土壤有机质含量，进一步提高粮食作物的单产水平。大力实施作物倒茬换茬，适当增加豆类作物的种植面积，进一步改善土壤结构，提高土壤肥力，全面提高粮食作物单产水平。

5.4.3　加强中低产田改造和高标准基本农田建设，提高耕地质量

中低产田比例大，耕地整体质量水平低，是制约山东省粮食单产提高的主要因素。山东省现有中低产田 370 多万 hm^2，约占全省耕地面积的 50%。加大中低产田改造和高标准农田建设的力度，把更多的中低产田改造成旱能浇、涝能排的高标准农田，全面提高耕地质量，是提高山东省粮食单产的重中之重。建议进一步"打包"整合各类支农资金，以全省的农业主产区特别是粮食主产区为重点，以中低产田改造和高标准基本农田建设为主要内容，以提高耕地质量为目标，统一规划，配套实施，提高支农资金的使用效率，切实解决粮食主产区的瓶颈制约因素，着力打造全省的"粮食生产的核心区"，全面推动全省粮食生产的区域化和规模化，为保障粮食安全和山东省种植制度可持续发展奠定

坚实的基础。

5.4.4 发挥高产创建的示范带动作用，促进粮食大面积平衡增产

高产创建是发挥科技整体优势、促进粮食规模生产的重大举措，是将先进农业技术推广普及从而获得大面积稳产丰产的必要载体。近年来，随着山东省生产投入水平的不断增加，粮食单产水平保持了持续增长的势头。但是作为我国的粮食主产省份，要取得全省范围的粮食丰产，必须继续把高产创建作为发展粮食生产的主要抓手，建立各级粮食高产示范点，集成技术、集约模式，积极开展整乡整县和整市推进，努力打造一批"吨粮市"、"吨粮县"和"吨半粮乡"，充分发挥好高产创建的示范带动作用，全面促进全省粮食大面积平衡增产。

5.5 提高种植业生产效益

5.5.1 增加农田基础设施建设和种植业生产的投入，实现种植业生产的投入增效

大力加强道路、水源、渠道、防护林网等农田基础设施的投入，明确投入比例，加大力度，保障投入水平，切实改善全省种植业生产的基础条件；加大农机购置补贴力度，全面提高机械化水平；保障种植业生产燃油、水电供应，优化种植业生产燃油、水电价格，实施种植业生产燃油、水电补贴，通过加大农田基础设施和种植业生产的投入，实现种植业生产的投入增效。

5.5.2 优化生产经营模式，提高农产品竞争力，实现种植业的经营增效

在保持山东省种植业发展优势的基础上，以农民专业合作社为载体，科学规划种植业发展布局，适度扩大种植业生产规模，严格执行种植业生产的标准，提高种植业生产管理和服务的专业

化水平，努力打造种植业生产领域中的农产品品牌，逐步实现全省种植业生产的区域化布局、规模化生产、标准化管理、专业化服务和品牌化运营，全面提高全省种植业的综合竞争力，实现种植业的经营增效。

5.5.3　改进农产品供销模式，减少流通环节，实现种植业的销售增效

以山东省现有仓储点及农产品批发市场和交易中心为节点，全面加强农产品的仓储物流设施建设，不断创新农产品供销模式，以农民专业合作组织为基本供应单位，积极开展农超对接、农市对接、大型企事业单位和社区农产品基地直供等农产品直供的模式创新，全面推广农产品直供的成功经验，减少农产品流通的中间环节，实现种植业的销售增效。

5.5.4　推进种植业的产业化水平，延长农产品产业链条，实现种植业的产业增效

积极在全省特别是农产品重点生产区域培育更多的农业产业化龙头企业，围绕国内国际高端农产品的市场需求，建立龙头企业的农产品标准化生产基地，大力推广"公司＋合作社＋农户"等农业产业化模式，做好初级农产品的精深加工，不断延长农产品的产业链条，全面提高农产品的附加值，更好实现全省种植业的产业增效。

第六章 几点说明

6.1 研究内容和方法

6.1.1 研究内容

本研究因受时间、条件等因素的限制，仅从 1978—2010 年山东省的种植业领域进行种植制度和粮食安全研究，而没有充分考虑包括畜牧业、渔业在内的整个农业生产领域。农业生产和粮食生产的比较效益也仅与外出打工做了比较分析，而没有与从事畜牧业、渔业获得的收入进行比较分析，所得到的结论虽具有较强的科学性，但也不同程度地存在着局限性。

6.1.2 研究方法

本研究引入的区域粮食安全系数和区域粮食安全贡献度概念，虽既便于计算，又能较好地反映区域尺度上的粮食安全，但其计算方法是在忽略了对分析结果影响极小的全国年度粮食进出口数额，并假定全国当年生产的粮食扣除种子、工业用粮和战略储备，当年全部消费完毕的前提下确立的，故其精确度有待于进一步完善。

6.2 研究结果

6.2.1 关于农业生产投入增长比例远远高于粮食单产增长比例的问题

本研究得出的 1978—2010 年山东省粮食单产增长 135.6%，

而化肥施用量增长 510.1%，农业机械总动力增长 972.2%，农村用电量增长 1043.2%，农业生产投入增长比例远远高于粮食单产比例。其原因主要是因为化肥施用量中既包括粮食作物生产化肥施用量，又包括棉、油、菜等经济作物和花草树木等园林植物生产化肥施用量；农业机械总动力既包括农业生产的农机动力，又包括农民物质运输的农机动力；农村用电量中既包括农业生产用电量，还包括较大比例的农民生活用电量。而上述非农业生产和粮食生产的投入没法从现有统计数据中剥离出来，导致了农业生产投入增长比例远远高于粮食单产增长比例现象的出现。

6.2.2　关于《山东省粮食生产农民调查问卷》分析中调查对象的年龄结构问题

在本研究所做的《山东省粮食生产农民调查问卷》分析中，调查对象的年龄结构为 30 岁以下占 23.83%、30～40 岁占 29.19%、40～50 岁占 27.06%、50 岁以上占 19.92%，与农村劳动力以老人、小孩和妇女为主体的说法存在较大差异。其主要原因一是该问卷发放范围均为粮食生产大县，在这些县市中从事粮食生产的农民比例相对较高；二是调查对象不仅包括了从事种植业的农民，还包括从事养殖业及经商的农民；三是在调查过程没有区分调查对象的性别，在上述比例中存在相当比例的女性。

6.2.3　关于种粮与打工效益比急剧下降的数据来源问题

本研究在计算自 20 世纪 80 年代以来农民种粮和打工效益时，因缺乏相关统计数据，参考的是对山东省劳务输出大县、"全国劳务输出工作示范县"——宁阳县的典型调查数据和中国劳工网站（http：//www.cn51.org）的历年《农民工监测调查报告》中的相关数据，其精确度有待于进一步求证。

6.2.4　关于到 2015 年山东省粮食安全贡献度接近于零会不会变为现实的问题

本研究在假定保持山东省现有种植制度不变的前提下，经预测得出至 2015 年山东省的粮食安全贡献度将下降为 0.092 8%，到时几乎将无粮可调。但这种预测能否成为现实，将取决于 2015 年前山东省粮食播种面积比例、复种指数、粮食单产等是否有所调整。

6.2.5 关于种粮补贴的边际效益问题

本研究提出通过加大种粮直补来提高种粮效益，调动农民种粮积极性。但是，受 WTO 相关"绿箱"政策和"黄箱"政策的限制，及粮食生产和贸易效益的影响，种粮补贴是否存在着边际效益，国家用同样的财力进口粮食是不是比补贴粮食生产更加经济合理等问题，尚需进一步研究。

6.2.6 关于若山东省无粮可调对我国粮食安全的影响问题

长期以来，我国的粮食流通保持着"南粮北调"的格局。自 20 世纪 80 年代中期，随着我国南方粮食主产区经济的迅速发展，及黄淮海平原耕地质量的提高和东北地区大面积耕地的开发，我国的粮食主产区逐渐北移，粮食流通格局也由"南粮北调"转向"北粮南调"。山东省作为黄淮海粮食主产区的第二产量大省，对我国粮食安全起着举足轻重的作用。若山东省无粮可调将对我国粮食安全造成极其严重的、不可弥补的影响。

参 考 文 献

白玮，邱爱军，张秋平．2010．黄淮海地区水土资源粮食安全价值核算
　　［J］．中国人口·资源与环境，20（1）：66-70．

蔡承智，陈阜．2004．中国粮食安全预测及对策［J］．农业经济问题（4）：
　　16-20．

曹晔，冯利民，陈立峰，等．1996．改变种植制度促进农业增产增收——河
　　北省农业"双千工程"示范县昌黎调查［J］，农业技术经济（5）：47-
　　50．

曾靖，汪晓银，王雅鹏．2009．我国城镇居民粮食消费状况分析与安全对策
　　研究［J］．农业现代化研究，30（5）：539-542．

陈阜．1995．我国种植业结构调整与持续发展［J］．耕作与栽培（3）：18-
　　21．

陈静彬．2011．基于粮食安全水平的湖南省粮食单产预测［J］．系统工程，
　　29（5）：113-117．

陈静彬．2009．基于熵值法和灰色关联分析的粮食安全预警研究——以湖南
　　省为例［J］．求索（8）：18-20．

陈利根．1999．我国耕地资源可持续利用的研究［J］．生态农业研究，7
　　（1）：28-31．

陈绍充，王卿．2009．中国粮食安全预警系统构建研究［J］．宏观经济研究
　　（1）：56-62．

陈婷，戴尔阜，傅桦．2009．运用AHP法构建粮食安全预警体系及对珠江
　　三角洲地区粮食安全的评析［J］．中国农学通报，25（8）：68-74．

陈雨海．1993．建国以来山东省种植制度演变历史及规律的研究［J］．山东
　　农业科学（6）：12-18．

褚庆全．2005．中国粮食安全历史、现状及发展对策研究［D］．北京：中
　　国农业大学．

崔读昌.1992.气候变暖对中国农业生产的影响与对策[J].中国农业气象,13(2):16-20.

戴小枫.2010.确保我国粮食安全的技术战略与路线选择[J].中国软科学(12):1-5.

戴治平,龚述明,杨科祥.2002.改革稻田种植制度,提高农业生产效益[J].作物研究(2):81-82.

单哲,李宪宝.2011.山东省粮食安全评价分析[J].农业技术经济(3):95-103.

杜受祜.1996.中国粮食问题:现实分析与评价[J].中国农村观察(1):22-26.

段红平.2000.我国三熟耕作区湖南省种植制度演变规律、趋势与对策研究[D].北京:中国农业大学.

范锦龙,吴炳方.2004.基于GIS的复种指数潜力研究[J].遥感学报,8(6):637-644.

方福平,李凤博,徐春春,等.2010.西南大旱、粮食安全及政策反思[J].农业经济问题(7):77-81.

冯志波,黄娟,宁堂原,等.2012.山东省农作制农业资源发展潜力分析[J].安徽农业科学,40(6):3515-3517.

付青叶,王征兵.2010.中国粮食安全的评价指标体系设计[J].统计与决策(14):42-44.

傅泽强,蔡运龙,杨友孝,等.2001.中国粮食安全与耕地资源变化的相关分析[J].自然资源学报,16(4):313-319.

高启杰.2004.城乡居民粮食消费情况分析与预测[J].中国农村经济(10):20-25.

郜若素,马国南.1993.中国粮食研究报告[M].北京:中国农业大学出版社.

谷茂,潘静娴.1999.论我国种植制度发展与农业资源高效利用[J].山西农业大学学报,19(3):234-237.

郭燕枝,王美霞,王创云.2009.中国粮食安全系数波动及政策选择[J].

农村经济（11）：17-19.

何铭伟 . 2003. 试论多熟种植和施肥制度对作物增产及土壤培肥的影响 [J] . 耕作与栽培（1）：13-19.

贺振，贺俊平 . 2008. 山西省耕地资源可持续利用的研究与对策 [J] . 干旱区资源与环境，22（7）：27-29.

洪丙夏 . 1995. 我国种植制度的发展方向与对策 [J] . 耕作与栽培（2）：22-24.

胡浩，张锋 . 2009. 中国农户耕地资源利用及效率变化的研究 [J] . 中国人口 • 资源与环境，19（6）：131-136.

胡靖 . 1998. 中国两种粮食安全政策的比较与权衡 [J] . 农村经济（1）：19-26.

胡岳岷 . 1998. 中国未来粮食安全论——兼评莱斯特 • 布朗的谁来养活中国 [J] . 当代经济研究（5）：3-11.

胡志全 . 2001. 我国二熟耕作区种植制度演变规律与粮食安全对策研究 [D] . 北京：中国农业大学 .

黄国勤 . 1997. 中国南方种植制度 [M] . 北京：中国农业出版社 .

黄国勤 . 1995. 我国南方可持续发展的新型种植制度体系探讨 [J] . 中国农业资源与区划（4）：18-22.

黄季焜 . 2004. 中国的食物安全问题 [J] . 中国农村经济（10）：4-10.

江艳，周兴，黄万常 . 2008. 广西耕地资源可持续利用评价 [J] . 安徽农业科学，36（34）：15108-15109.

姜会飞，温德永，廖树华，等 . 2006. 运用混沌理论预测粮食产量 [J] . 中国农业大学学报，11（1）：47-52.

姜长云 . 2005. 关于我国粮食安全的若干思考 [J] . 农业经济问题（2）：44-48.

金九连，汪汉林 . 1981. 改革种植制度，建立合理的农业生产体系 [J] . 农业现代化研究（2）：41-45.

金姝兰，刘春燕，毛端谦 . 2011. 长江中下游地区耕地复种指数变化特征与潜力分析 [J] . 浙江农业学报，23（2）：239-243.

金姝兰，徐彩球，潘华华 .2011. 我国粮食主产区耕地复种指数变化特征与潜力分析[J].贵州农业科学，39（4）：201 - 207.

金之庆，方娟，葛道阔，等 .1994. 全球气候变化影响中国冬小麦生产之前瞻[J].作物学报，20（2）：186 - 197.

金之庆，葛道阔，陈华，等 .1994. 全球气候变化影响我国大豆生产的利弊分析[J].大豆科学，13（4）：302 - 311.

金之庆，葛道阔，高亮之，等 .1998. 我国东部样带适应全球气候变化的若干粮食生产对策的模拟研究[J].中国农业科学，31（4）：51 - 58.

居辉，许吟隆，熊伟 .2007. 气候变化对我国农业的影响[J].环境保护（11）：71 - 73.

康绍忠，蔡焕杰，冯绍元 .2004. 现代农业与生态节水的技术创新与未来研究重点[J].农业工程学报，20（1）：1 - 6.

康绍忠，许迪 .2001. 我国现代农业节水高新技术发展战略的思考[J].中国农村水利水电（10）：25 - 29.

柯兵，柳文华，段光明，等 .2004. 虚拟水在解决农业生产和粮食安全问题中的作用研究[J].环境科学，25（2）：32 - 36.

李光泗，朱丽莉，孙文华 .2011. 基于政府调控能力视角的中国粮食安全测度与评价[J].软科学，25（3）：74 - 78.

李建平，上官周平 .2011. 陕西省粮食生产与粮食安全趋势预测[J].干旱地区农业研究（29）：15 - 18.

李克南，杨晓光，刘志娟，等 .2010. 全球气候变化对中国种植制度可能影响分析Ⅲ.中国北方地区气候资源变化特征及其对种植制度界限的可能影响[J].中国农业科学，43（10）：2088 - 2097.

李立军 .2004. 中国种植制度近 50 年演变规律及未来 20 年发展趋势研究[D].北京：中国农业大学 .

李丽珍，张旭昆 .2005. 确保中国粮食安全的路径探讨[J].农村经济（12）：7 - 10.

李林杰，黄贺林 .2005. 关于粮食安全即期预警系统的设计[J].农业现代化研究，26（1）：17 - 21.

李梦觉，洪小峰 . 2009. 粮食安全预警系统和指标体系的构建 . 经济纵横
　　（8）：83 - 85.

李文明，唐成，谢颜 . 2010. 基于指标评价体系视角的我国粮食安全状况研
　　究[J] . 农业经济问题（9）：26 - 31.

李向荣，谭强林 . 2008. 粮食安全的国内外评价指标体系及对策研究[J] .
　　中国农业资源与区划，29（1）：22 - 26.

李晓东，席升阳，潘立 . 2007. 基于最小二乘支持向量的中国粮食产量预测
　　模型研究[J] . 水土保持研究，14（6）：322 - 324.

李一平 . 2000. 大力发展优质多元高效农作制——湖南农作制度调查与思考
　　[J] . 耕作与栽培（2）：17 - 20.

李勇，杨晓光，王文峰，等 . 2010. 全球气候变暖对中国种植制度可能影响
　　Ⅴ. 气候变暖对中国热带作物种植北界和寒害风险的影响分析[J] . 中国
　　农业科学，43（12）：2477 - 2484.

李增嘉，李凤超，赵秉强 . 1998. 小麦玉米间套作的产量效应与光势资源利
　　用率的研究[J] . 山东农业大学学报（29）：419 - 416.

李志强，赵忠萍，吴玉华 . 1998. 中国粮食安全预警分析[J] . 中国农村经
　　济（1）：27 - 32.

梁世夫，王雅鹏 . 2008. 我国粮食安全政策的变迁与路径选择[J] . 农业现
　　代化研究，29（1）：1 - 5.

梁世夫 . 2005. 粮食安全背景下直接补贴政策的改进问题[J] . 农业经济问
　　题（4）：4 - 7.

梁书民 . 2007. 我国各地区复种发展潜力与复种行为研究[J] . 农业经济问
　　题（5）：85 - 90.

廖西元，方福平，王志刚 . 2007. 粮食生产发展核心长效机制及其实现途径
　　探讨[J] . 农业经济问题（4）：14 - 18.

廖西元，李凤博，徐春春，等 . 2011. 粮食安全的国家战略[J] . 农业经济
　　问题（4）：9 - 15.

廖永松，黄季焜 . 2004. 世纪我国粮食安全保障与灌溉需水预测[J] . 中国
　　水利（1）：36 - 38.

刘成玉，葛党桥 . 2011. 中国粮食安全的保障原则与政策启示[J] . 农村经济（7）：6-10.

刘春堂 . 1996. 大力发展"三熟"高产高效农业耕作制[J] . 河南农业（1）：4-5.

刘国璧，程伟，赵姝，等 . 2009. 基于灰色神经网络的粮食预测[J] . 安徽农业科学，37（26）：12362-12363.

刘景辉 . 2002. 中国粮食安全技术对策研究 [D] . 北京：中国农业大学 .

刘凌 . 2007. 基于 AHP 的粮食安全评价指标体系研究[J] . 生产力研究（15）：58-60.

刘晓梅 . 2004. 关于我国粮食安全评价指标体系的探讨[J] . 财贸经济（9）：56-61.

刘笑彤，蔡运龙 . 2010. 基于耕地压力指数的山东省粮食安全状况研究[J] . 中国人口·资源与环境，20（3）：334-337.

刘巽浩，韩湘铃 . 1980. 中国的多熟种植 [M] . 北京：农业出版社 .

刘巽浩，牟正国 . 1993. 中国农业制度 [M] . 北京：中国农业出版社 .

刘巽浩，王宏广 . 1990. "千斤田"再增产的潜力与效益[J] . 作物杂志（1）：17-19.

刘巽浩 . 1992. 90 年代我国种植制度发展展望[J] . 耕作与栽培（2）：1-8.

刘巽浩 . 1982. 种植制度 [M] . 北京：农业出版社 .

刘巽浩 . 1997. 论我国耕地种植指数（复种）的潜力[J] . 作物杂志（3）：1-3.

刘巽浩 . 1987. 论我国粮食问题的出路[J] . 农业经济问题（8）：3-7.

刘岩，宁堂原，周勋波 . 2010. 山东省农作制发展的影响因素分析[J] . 安徽农业科学，38（34）：19699-19701.

刘志澄，等 . 1989. 中国粮食之研究 [M] . 北京：中国农业科技出版社 .

刘志娟，杨晓光，王文峰，等 . 2010. 全球气候变暖对中国种植制度可能影响Ⅳ . 未来气候变暖对东北三省春玉米种植北界的可能影响[J] . 中国农业科学，43（11）：2280-2291.

柳长顺，陈献，刘昌明 . 2005. 虚拟水交易：解决中国水资源短缺与粮食安全的一种选择[J].资源科学,27 (2):10-15.

龙方,曾福生.2008.中国粮食安全的战略目标与模式选择[J].农业经济问题 (7):32-37.

龙方.2008.粮食安全评价指标体系的构建[J].求索 (12):9-11.

卢良恕,刘志澄,等.1993.中国中长期食物发展战略 [M].北京:农业出版社.

鲁春阳,杨庆媛,文枫.2010.重庆市耕地与粮食生产动态变化研究[J].农机化研究 (9):12-15.

鲁仕宝,黄强,马凯,等.2010.虚拟水理论及其在粮食安全中的应用[J].农业工程学报,26 (5):59-64.

陆敬山.2009.耕地数量保障区域粮食安全的研究——以河北省为例[J].安徽农业科学,37 (9):4142-4144.

陆文聪,李元龙,祁慧博.2011.全球化背景下中国粮食供求区域均衡:对国家粮食安全的启示[J].农业经济问题 (4):16-25.

罗文娟.2010.从粮食安全角度谈我国粮食补贴政策的完善建议[J].商业会计 (12):28-30.

骆双林,石富国.2009.调理种植制度提高土地利用率和产出率[J].四川农业科技 (8):53-54.

吕晓虎,赵景波.2010.陕西省粮食安全定量评价研究[J].干旱地区农业研究,28 (2):119-225.

吕新业.2003.我国粮食安全现状及未来发展战略[J].农业经济问题 (11):43-46.

马洪波.2008.二熟种植制度区粮食增产途径及技术模式研究 [D].北京:中国农业大学.

马永欢,牛文元.2009.基于粮食安全的中国粮食需求预测与耕地资源配置研究[J].中国软科学 (3):11-16.

门可佩,魏百军,唐沙沙,等.2009.基于 AHP-GRA 集成的中国粮食安全预警研究[J].统计与决策 (20):96-98.

闵锐.2009.湖北省粮食安全状况及短期预警研究[J].统计与决策 (20):

99 - 101.

牟正国.1993.我国农作制度的新进展[J].耕作与栽培（3）：1 - 4.

倪洪兴.2009.开放条件下我国粮食安全政策的选择[J].农业经济问题（7）：4 - 8.

潘成荣，张之源，方晨，等.2004.安徽省耕地资源利用分析[J].农村生态环境，20（1）：24 - 28.

潘岩.2009.关于确保国家粮食安全的政策思考[J].农业经济问题（1）：25 - 28.

庞英，张全景，叶依广.2004.中国耕地资源利用效益研究[J].中国人口・资源与环境，14（5）：32 - 36.

彭尔瑞，王穗，吕霞.2010.昆明市耕地压力空间分布与粮食安全分析[J].安徽农业科学，38（14）：7474 - 7476.

彭克强，刘枭.2009.2020 年以前中国粮食安全形势预测与分析[J].经济学家（12）：97 - 99.

彭克强.2008.旱涝灾害视野下中国粮食安全战略研究[J].中国软科学（1）：6 - 17.

齐成喜.2005.天津种植制度 50 年演变规律、2020 年发展方向及对策研究[D].北京：中国农业大学.

齐林，韩惠芳，周勋波，等.2011.山东省农作制演变特征及发展对策[J].湖北农业科学，50（3）：615 - 618.

山仑，吴普特，康绍忠.2011.黄淮海地区农业节水对策及实施半旱地农业可行性研究[J].中国工程科学，13（4）：37 - 42.

世界银行.1997.中国中长期粮食安全[R].

帅传敏，张琦.2005.粮食安全和粮食流通体制改革探讨[J].经济问题（6）：25 - 27.

苏晓燕，张蕙杰，李志强，等.2011.基于多因素信息融合的中国粮食安全预警系统[J].农业工程学报，27（5）：183 - 189.

粟晓玲，康绍忠，石培泽.2008.干旱区面向生态的水资源合理配置模型与应用[J].水利学报（9）：1111 - 1117.

汤文光，肖小平，唐海明，等.2009.湖南农作制高效种植模式及其发展策略[J].湖南农业科学（1）：36 - 39.

田建民，孟俊杰.2010.我国现行粮食安全政策绩效分析[J].农业经济问题（3）：11 - 15.

田建民.2010.粮食安全长效机制构建的核心——区域发展视角的粮食生产利益补偿调节政策[J].农业现代化研究，31（2）：187 - 190.

佟屏亚.1990.亩产吨粮技术［M］.北京：金盾出版社.

佟屏亚.1993.试论耕作栽培学科的发展趋势和研究重点[J].耕作与栽培（4）：1 - 7.

佟屏亚.1994.多数种植，建设高产农田——关于粮食持续增产的看法和建议[J].耕作与栽培（4）：26 - 28.

王广深，谭莹.2008.我国粮食安全主体的博弈分析及政策选择[J].经济体制改革（6）：95 - 99.

王宏广，褚庆全，李立军，等.2005.中国粮食安全研究[J].北京：中国农业出版社.

王宏广，王晓方，王志学.1995.中国粮食问题可忧不可怕——与莱斯特·布朗博士商榷"未来谁养活中国"[J].中国软科学（6）：97 - 103.

王宏广.1991.论用要素组合理论指导农业现代化[J].农业现代化研究，12（1）：36 - 40.

王宏广.1992.我国不同种植制度区农业资源与生活要素组合模式与特征研究[J].农业现代化研究，13（1）：38 - 43.

王宏广.1990.中国农业生产潜力及发展道路研究［D］.北京：北京农业大学.

王宏广.1993.中国农业的问题、潜力、道路、效益［M］.北京：中国农业出版社.

王宏广.1992.中国农业的问题、潜力与对策[J].科学学研究，10（3）：38 - 41.

王宏广.2005.中国种植制度70 年［M］.北京：中国农业出版社.

王宏燕.1999.我国一熟耕作区黑龙江省种植制度演变规律、趋势及对策研究［D］.北京：中国农业大学.

王树安，兰林旺，周殿玺，等.2007.冬小麦节水高产技术体系研究［J］.
中国农业大学学报，12（6）：4.

王树安.1994.中国吨粮田建设——全国吨粮田定位建档追踪研究［J］.
北京，北京农业大学出版社.

王西和，刘骅，马兴旺，等.2008.种植制度在农田土壤培肥中的作用
［J］.新疆农业科学，45（S3）：134-13.

王雅鹏.2005.对我国粮食安全路径选择的思考——基于农民增收的分析
［J］.中国农村经济（3）：4-11.

王雨濛，吴娟.2010.基于粮食安全的资源高效配置问题探讨［J］.农业经
济问题（4）：58-63.

王玉宝，吴普特，赵西宁，等.2010.我国农业用水结构演变态势分析
［J］.中国生态农业学报，18（2）：399-404.

王志敏，王璞，兰林旺，等.2003.黄淮海地区优质小麦节水高产栽培研究
［J］.中国农学通报，19（4）：22-25.

王志敏，王树安.2000.集约多熟超高产——21世纪我国粮食生产发展的
重要途径［J］.农业现代化研究，21（4）：45-48.

王志强，方伟华，何飞，等.2008.中国北方气候变化对小麦产量的影响
——基于EPIC模型的模拟研究［J］.自然灾害学报，17（1）：109-114.

魏蔚.1999.我国二熟耕作区河南省种植制度演变规律趋势与对策研究
［D］.北京：中国农业大学.

文森，邱道持，杨庆媛，等.2007.耕地资源安全评价指标体系研究［J］.
安徽农业科学，123（8）：466-470.

吴凯，黄荣金.2001.黄淮海平原水土资源利用的可持续性评价、开发潜力
及对策［J］.地理科学，21（5）：390-394.

吴乐，邹文涛.2011.我国粮食消费的现状和趋势及对策［J］.农业现代化
研究，32（2）：129-133.

吴普特，冯浩，牛文全，等.2007.现代节水农业技术发展趋势与未来研发
重点［J］.中国工程科学，9（2）：12-18.

吴普特，赵西宁，冯浩，等．2007．农业经济用水量与我国农业战略节水潜力[J]．中国农业科技导报，9（6）：13-16．

吴普特．2002．制约我国农业高效用水发展的主导因素分析[J]．水土保持研究，9（2）：1-3．

吴普特．2007．雨水资源化与现代节水农业[J]．中国农业科技导报，9（1）：15-20．

吴文斌，杨鹏，唐华俊，等．2010．一种新的粮食安全评价方法研究[J]．中国农业资源与区划，31（1）：16-21．

吴永常．2002．我国种植制度15年演变规律研究[D]．北京：中国农业大学．

吴志华．2003．中国粮食安全研究评述[J]．粮食经济研究（1）：48-61．

武雪萍，蔡典雄，梅旭荣，等．2007．黄河流域农业水资源与水环境问题及技术对策[J]．生态环境，16（1）：248-252．

向丽．2008．粮食安全背景下粮食直接补贴政策的经济学解析[J]．安徽农业科学，36（29）：12944-12945．

肖风劲，张海东，王春乙，等．2006．气候变化对我国农业的可能影响及适应性对策[J]．自然灾害学报，15（6）：327-331．

谢庭生，王芳．2007．湖南耕地资源节约和高效利用途径[J]．经济地理，27（5）：815-818．

谢颜，李文明．2010．从消费需求角度探索保障我国粮食安全的新途径[J]．中国粮食经济（5）：24-26．

熊伟，杨婕，林而达，等．2008．未来不同气候变化情景下我国玉米产量的初步预测[J]．地球科学进展，23（10）：1092-1101．

徐阳春，沈其荣，储国良，等．2000．水旱轮作下长期免耕和施用有机肥对土壤某些肥力性状的影响[J]．应用生态学报，11（4）：549-552．

杨忍，任志远，徐茜，等．2009．陕西省粮食安全时空变化及预测研究[J]．中国生态农业学报，17（4）：770-775．

杨晓光，刘志娟，陈阜．2010．全球气候变暖对中国种植制度可能影响Ⅰ．气候变暖对中国种植制度北界和粮食产量的可能影响分析[J]．中国农业科学，43（2）：329-336.

杨晓光，刘志娟，陈阜.2011.全球气候变暖对中国种植制度可能影响 Ⅵ.未来气候变化对中国种植制度北界的可能影响[J].中国农业科学，44（8）：1562-1570.

杨正礼，梅旭荣.2005.试论中国粮食安全的三大关联战略[J].农业现代化研究，26（2）：81-84.

姚鑫，杨桂山，万荣荣.2010.昆山市耕地变化和粮食安全研究[J].中国人口·资源与环境，20（4）：148-152.

叶贞琴.1992.我国种植制度改革的成就和今后改革的建议[J].农牧情报研究（6）：11-13.

尹成杰.2009.粮安天下——全球粮食危机与中国粮食安全［M］.北京：中国经济出版社.

尹希果，周庆行，谭志雄.2004.农业资源利用与粮食安全的实证研究——以重庆市为例[J].农业经济问题（4）：30-34.

游建章.2002.粮食安全预警与评价的评价[J].农业技术经济（2）：11-14.

于沪宁.1995.气候变化与中国农业的持续发展[J].生态农业研究，3（4）：38-43.

于书良.2004.山东省粮食安全对策的研究［D］.山东泰安：山东农业大学.

郁科科，赵景波.2010.陕西宝鸡地区近17年粮食安全动态变化研究[J].干旱区域资源与环境，24（10）：25-29.

袁海平，顾益康，胡豹.2011.确保新时期我国粮食安全的战略对策研究[J].农业经济问题（6）：9-14.

岳坤，杨香合，梁山.2010.我国粮食安全评价及保障对策研究——以河北省为例[J].安徽农业科学，38（6）：3165-3166.

云雅如，方修琦，王丽岩，等.2007.我国作物种植界线对气候变暖的适应性响应[J].作物杂志（3）：20-23.

翟虎渠.2011.关于中国粮食安全战略的思考[J].农业经济问题（9）：4-

7.

张厚轩.2000.中国种植制度对全球气候变化响应的有关问题Ⅰ.气候变化对我国种植制度的影响[J].中国农业气象,21(1):9-13.

张厚轩.2000.中国种植制度对全球气候变化响应的有关问题Ⅱ.我国种植制度对气候变化响应的主要问题[J].中国农业气象,21(2):10-14.

张丽慧,赵先贵,赵达伟,等.2010.内蒙古粮食生产动态分析与粮食安全评价[J].干旱地区农业研究,28(5):190-195.

张蓉珍,李龙.2010.近十年陕北耕地资源变化与粮食安全分析[J].中国农业资源与区划,31,(2):32-38.

张少杰,杨学利.2010.基于可持续发展的中国粮食安全评价体系构建[J].理论与改革(2):82-84.

张笑涓,曲长祥.1997.21世纪我国粮食消费的新趋势[J].农业经济问题(6):9-12.

张雪芬,高伟力,陈东,等.1999.河南省高效农业耕作制生产力特征及资源利用研究[J].南京气象学院学报,22(2):225-231.

张耀华,赵先贵,张素娟,等.2008.内蒙古粮食和耕地变化的动态分析及趋势预测[J].农业现代化研究,29,(4):339-442.

张永恩.2009.中国粮食高产的模式、效益与应用研究[D].北京:中国农业大学.

张勇,曾澜,吴炳方.2004.区域粮食安全预警指标体系的研究[J].农业工程学报,20(3):192-196.

张志国,李琳.2011.河南省复种指数时序变化及预测[J].水土保持研究,18(4):241-243.

赵本宇,张文秀,龚长兰.2007.新形势下耕地资源集约利用及其评价研究[J].安徽农业科学,35(19):5842-5843.

赵秉强,张福锁,李增嘉,等.2011.黄淮海农区集约种植制度的超高产特性研究[J].中国农业科学,34(6):649-655.

赵锦,杨晓光,刘志娟,等.2010.全球气候变暖对中国种植制度可能影响

Ⅱ.南方地区气候要素变化特征及对种植制度界限可能影响[J].中国农业科学,43(9):1860-1867.

赵亮,穆月英.2011.我国粮食安全的路径依赖分析[J].农业技术经济(10):31-39.

赵强基.1990.江苏十年来粮食生产发展与未来十年展望[J].江苏农业科学(5):37-40.

赵永敢,李玉义,逢焕成,等.2010.西南地区耕地复种指数变化特征和发展潜力分析[J].农业现代化研究,31(1):100-104.

赵月红.1997.旱垣地区耕地资源利用的分析与思考[J].农业经济问题(2):37-39.

周力,周应恒.2011.粮食安全:气候变化与粮食产地转移[J].中国人口·资源与环境,21(7):162-168.

周铭成,茅玉兰,眭彬彬.2011.稻麦两熟农作制结构优化模式及其配套的精确定量耕作栽培技术研究[J].安徽农学通报,17(2):64-67.

朱宝库.2004.山东省种植制度的演变历史及规律[D].山东泰安:山东农业大学.

朱大威,金之庆.2008.气候及其变率变化对东北地区粮食生产的影响[J].作物学报,34(9):1588-1597.

朱红波.2006.论粮食安全与耕地资源安全[J].农业现代化研究(3):21-24.

朱红波.2008.我国耕地资源生态安全的特征与影响因素分析[J].农业现代化研究,29(2):194-197.

朱晓峰.1997.中国粮食安全问题:远景与求解策略[J].中国软科学(6):115-120.

朱泽.1998.中国粮食安全问题:实证分析与政策研究[M].武汉:湖北科技出版社.

朱昭霖.2008.粮食安全视角下的粮食补贴政策研究[J].河南社会科学,16(6):165-166.

邹超亚.1997.贵州种植制度改革的思路与优化模式的选择[J].耕作与栽

培（2）：1 - 4.

邹凤羽 . 2005. 中国粮食生产与粮食安全的长效机制研究［J］. 农村经济
（9）：7 - 9.

Agboola A. A. Fayemi A. A. 1972. Fixation and excretion of nitrogen by tropi-
cal legumes［J］. Agronomy Journal（64）：409 - 412.

Alexanderatos N. 1995. World agriculture：towards 2010，An FAO study，
John Wiely and Sons，for the FAO［R］. New York.

Brady N. C.，Athwal D. S. and F. F. Hill. 1973. Proposal for Broadening the
Mission of the Rice Research Institute［R］. Rice science and man. Los Ba-
ons，Philippines，37.

Brand field. 1972. Maximizing food production through multiple cropping sys-
tem centered on rice［R］. Pagers in International Rice Research Institu-
te. Rice science and man Los Baons，Philippines.

Brian W. Gould. 2002. Household composition and food expenditures in China
［J］. Agribusiness Hoboken：Summer，18（3）：387 - 407.

Bulson H. A. J.，Snaydon R. W. and Stopes C. E. 1997. Effects of plant densi-
ty on intercropped wheat and field beans in anorganic farming system［J］.
Journal of Agriculture Science（128）：59 - 71.

Catherine Greene. 2007. Data track the expansion of international and
U. S. organic farming［J］. Amber Waves（5）：36 - 37.

Christoffel den Biggelaar，Murari Suvedi. 2000. Farmers' definitions，goals，
and bottlenecks of sustainable agriculture in the North-Central Region
［J］. Agriculture and Human Values（4）：347 - 358.

Christopher L.，Steven E. Kraft，Jeffrey Beaulieu，et al. 2005. Using GIS—
based ecological economic modeling to evaluate policies affecting agricultur-
al watersheds［J］. Ecological Modeling（55）：467 - 484.

Claudio O，Marcello D，Roger N. 2000. CropSyst，a cropping systems simu-
lation model［J］. European Journal of Agronomy（18）：289 - 307.

Crookston K. and Nelson W. 1989. The University of Minnesota's Koch

Farm [J] . University of Minnesota, Saint Paul, Minn Mimeograph.

Crookston R. K. , Hill D. S. 1979. Grain yield and land equivalent ratios from intercropping corn and soybeans in Minnesota [J] . Agronomy Journal (71): 41‑44.

Edwards C. and N. Greamer. 1989. The sustainable agriculture program at the Ohio State University [R] . Columbus, Ohio Mimeograph.

Elmore R. W. and J. A. Jackobs. 1986. Yield and nitrogen yield of sorghum intercropped wheat and clover [J] . Tropical Agriculture, 72 (2): 170‑172.

Engel T. , Hoogenboom G, Jones J . W. , et al. 1997. AEGIS/WIN: A computer program for the application of crop simulation models across geographic areas [J] . Agronomy Journal (89): 919‑928.

Espinoza-ortega E. Espinosa-ayala, J. Bastida-lopez et al. 2007. Small-scale dairy farming in the highlands of central Mexico: Technical, economic and social aspects and their impact on poverty [J] . Expl Agric, 43: 241‑256.

Foltz J. , Hohn C. and Marshall A. Martin. 1993. Farm-level economic and environmental impacts of eastern Corn Belt cropping systems [J] . J. Prod. Agri. 6 (2): 290‑296.

Francis C. A. 1986. Mutiple cropping system [M] . New York: Macmillan Publishing Company.

Gardner G. C. 1989. Evaluation of integrated low input crop-livestock production system [R] . North Center LISA Program 1988&1989 Progress Report. Fargo N. D. Carring Center, North Dakota State University.

Georoghiou L. 1996. The UK technology foresight programmer [J] . Futures (28): 359‑377.

Ghafarzadeh M. , F. G. Prechac and R. M. Cruse. 1994. Grain yield response of maize soybean and oat grown in a trip intercropping system [J] . American Journal of Alternative Agriculture (9): 171‑177.

Guan Zhengfei Alf0ns Oude Lansink and Ada Wossink, et al. 2005. Damage control inputs: a comparison of conventional and organic farming systems [J]. European Review of Agricultural Economics, 32 (2): 167 - 189.

Hanson J. C., E. Lichtenberg, A. M. Deker, et al. 1993. Profitability of no-tillage corn following a hairy vetch cover crop [J]. J. Prod. Agri (6): 432 -437.

Haugaard-Hielsen H., Ambus Pand Jensen E. S. 2001. Interspicific competition, N use and interference with weeds in pe-barley intercropping [J]. Field Crop Research (70): 101 - 109.

Helmers G. A., Langemeier M. R. and Atwood J. 1986. An economic analysis alternative cropping systems of east-central Nebraska [J]. American Journal Alternative Agriculture (1): 153 - 158.

Ika Darnhofer, Thomas Lindenthal, Ruth Bartel-Kratochvil, et al. 2010. Conventionalisation of organic farming practices: from structural criteria towards an assessment based on organic principles [J]. Agronomy for Sustainable Development, 30 (1): 67 - 81.

Jan Jansen. A. 2008. The infield-outfield farming system as a major solution for sustainable management of the semi-natural and cultural heritage in Parque Natural da Serra Estrela [J]. LAZAROA (29): 19 - 26.

Jolliffe P. A., Wanjau F. M. 1999. Competition and productivity in crop mixtures: some properties of productive intercrops [J]. Journal of Agriculture Science (132): 425 - 435.

King L. D. 1990. Reduced chemical cropping systems experiment [R]. Progress Report. North Carolina State University, Raleigh. March 3, Mimeograph.

Krishna R. Tiwari, Ingrid L. P. Nyborg, Bishal K. Sitaula, et al. 2008. Analysis of the sustainability of upland farming systems in the middle mountains region of Nepal [J]. International journal of agricultural sustainability, 6 (4): 289 - 360.

Kuwahara T. 1999. Technological Forecasting Activities inJapan [J]. Technological Forecasting and Social Change (60): 5 - 14.

Lester Brown. 1997. Who willChina? The world's most populous country is facing a massive grain deficit [J] . The Environmental Magazine, 8 (1): 36.

Lester Brown. 1995. Who willChina? Wakeup call for a small planet [R] . World Watch Institute, Washington.

Lester Brown. 1994. Who willChina [R]? World watch, September/October (9): 10 - 19.

Mandal B. K. D. Dagupta and P. K. Ray. 1986. Yield of wheat, mustard and chickpea grown as sole crop and intercrop with 4 moisture regimes [J] . Indian Journal of Agriculture Science, 56 (3): 187 - 193.

Martin B. R. 1995. Foresight in science and technology [J] . Technology Analysis & Strategic Management, 7 (2): 139 - 168.

Martin M. A. , Marvin M. S. , Jean R. R, et al. 1991. The economic of alternative tillage systems, crop rotation, berbicide use on three representative East-Center Corn Belt Farm [J] . Weed Science (39): 299 - 307.

Modgal S. C. , Dasgupta M. K. and Ghosh D. C. 1995. Changing concepts in cropping systems [R] . Proceedings national symposium on sustainable agriculture in sub-humid zone, March 3 - 5: 113 - 121.

Mohta N. K. De R. 1980. Intercropping maize and sorghum with soybeans [J] . Journal of Agriculture Science (95): 117 - 122.

Natalia Eernstman and Arjen E. J. Wals. 2009. Jhum meets IFOAM: Introducing organic agriculture in a tribal society [J] . International journal of agricultural sustainability, 7 (2): 95 - 106.

Njoroge J. M. and Kimemia J. K. 1995. Economic benefits of intercropping [J] . Young Arabica and Robusta Coffee with Food Crops in Kenya, 24 (1): 27 - 34.

Patricia Clark Mc Daniels University of Tennessee. 2009. UT launches organic crop initiative [M] . Southeast Farm Press (36): 29 - 35.

Ross Garnaut and Guonan Ma. 1992. Grain in China [R] . Canberra: East Asia Analytical Unit Department of Foreign Affairs and Trade.

RoweG. , Wright G. and Bogler F. 1991. Delphi-A revolution research and theory [J] . Technological Forecasting and Social Change (30): 235 -251.

Rozelle, S. and C. Pray. 1997. China's past, present and future food economy: Can China continue meet the challenges [J]? Food Policy, 22 (3): 191 - 200.

Rozelle, S. , C. Pray and Jikun Huang. 1996. Agricultural research policy inChina: Testing the limits [R] . China workshop-global agricultural science policy for the 21st century: 3.

Rozelle, S. , Jikun Huang and M. W. Rosegrant. 1996. Why China will not starve the world [R]? Choices first quarter: 18 - 24.

Shin T. , and Kim H. 1994. Research foresight activities in Korea and technology developments &. T Policies in National R&-D Program [J] . Technological Forecasting and Social Change, 45 (1): 125 - 154.

Shirliey Fung. 2000. The Chinese know: We are how we eat [J] . Newsweek. New York. Oct. 2, 136 (14): 10 - 11.

Smil Vaclav. 1996. Is there enough Chinese food [J]? The New York Review (Feb. 1): 32 - 34.

Smolik J. D. , Thomas L. D. and Diane H. R. 1995. The relative sustainability of alternativeconventional, and reduced-till farming systems [J] . Am. J. Altern, Agr. 10: 25 - 35.

Solow R. 1992. A almost practical step towards sustainability, resources for the future [J] . An invited lecture on the occasion of the fortieth anniversary of resources for the future.

Stockle C. O. 1990. GIS and simulation technologies for assessing cropping systems managements in dry environment [J] . Am-J-altern agric. Creenbelt M. D. : Henry A. Wallace Institute for Alternative Agriculture, 11 (2/3): 115 - 120.

Subedi K. D. 1997. Wheat intercropped with tore (Brassica campestris var. toria) and pea (Pisum sativum) in the subsistence farming system of Nepalese hills [J]. Journals of Agriculture Science (128): 283 - 289.

Tiwari T. P., R. M. Brook and F. L. Sinclair. 2004. Implications of hill farmers' agronomic practices in Nepal for crop improvement in maize [J]. Expl Agric (40): 397 - 417.

Tor H. Aase and Ole R. Vetaas. 2007. Risk management by communal decision in trans-himalayan farming: manage valley in central Nepal [J]. Hum Ecol (35): 453 - 460.

Tuan, francis. 1997. Food and agriculture issues in China [J]. Paper presented at the international symposium on stable supply of food and agricultural development in Asia region. Feb. 2: 13 - 14, Tokyo.

United Nations, Department of Economic and Social Affairs, Population Division. 2011. World Population Prospects: The 2010 Revision [R]. New York.

Vanmala Hiranandani. 2010. Sustainable agriculture in Canada and Cuba: a comparison. Environment [J]. Development and Sustainability (5): 763 - 775.

West T. D., D. R. Griflith. 1992. Effect of strip-intercropping maize and soybean on yield and profit [J]. Journal of Production Agriculture (5): 107 - 110.

Willey R. W. and Osiru D. S. O. 1992. Studies of mixtures of maize and bean (Phaseolus v ulgaris) with particular reference to plant population [J]. Journal of Agriculture Science (79): 517 - 529.

Willey R. W. 1979. Intercropping-its impotence and research needs. Part1. Competition and yield advantages [J]. Field Crop Abstr (32): 1 - 10.

Word Bank. 1997. China: Long-term food security 16419-CHA [R]. East Asia and Pacific Regional Office, China and Mongolia Department, Roral and Social Development Operations Division, Washington, D. C.

Yao-Chi Lu，Brandly W. and John T. 1999. Economic analysis of sustainable agriculture cropping systems for Mid-Atlantic State ［J］ . Journal of Sustainable Agriculture，15 (2/3)：77 - 93.

Zandstra H. G. 1981. A methodology for on-farm cropping system research ［R］ . IRRI：17 - 18.

附　　录

附录 1　山东省粮食产量与粮食单产、粮食播种面积的多元线性回归方程的 SUMMARY OUTPUT、RESIDUAL OUTPUT、PROBABILITY OUTPUT 值

SUMMARY OUTPUT

回归统计

Multiple R	0. 999 927
R Square	0. 999 854
Adjusted R Square	0. 999 805
标准误差	56 665
观测值	9

方差分析

	df	SS	MS	F	Significance F
回归分析	2	1. 32E+14	6. 59E+13	20 532. 83	3. 12E-12
残差	6	1. 93E+10	3. 21E+09		
总计	8	1. 32E+14			

	Coefficients	标准误差	t Stat	P-value	Lower 95%	Upper 95%	下限 95.0%	上限 95.0%
Intercept	−3.9E+07	469 643.7	−82.349 3	2.16E-10	−4E+07	−3.8E+07	−4E+07	−3.8E+07
单产 kg/hm²	6 931.263	48.508 93	142.886 3	7.93E-12	6 812.566	7 049.96	6 812.566	7 049.96
面积公顷	5.584 628	0.073 481	76.001 21	3.49E-10	5.404 827	5.764 429	5.404 827	5.764 429

RESIDUAL OUTPUT

观测值	预测总产吨	残差	标准残差
1	32 945 279	−18 379.2	−0.374 53
2	34 270 726	84 674.02	1.725 459
3	35 191 538	−24 537.7	−0.500 02
4	39 262 841	−89 041.1	−1.814 45
5	40 932 688	−2 988.37	−0.060 9
6	41 486 384	1 215.973	0.024 779
7	42 625 550	−20 550.1	−0.418 76
8	43 141 842	21 157.84	0.431 147
9	43 308 551	48 448.63	0.987 27

PROBABILITY OUTPUT

百分比排位	总产吨
5.555 556	32 926 900
16.666 67	34 355 400
27.777 78	35 167 000
38.888 89	39 173 800
50.000 00	40 929 700
61.111 11	41 487 600
72.222 22	42 605 000
83.333 33	43 163 000
94.444 44	43 357 000

附录 2　山东省粮食安全贡献度、耕地面积占全国耕地面积比例、复种指数、粮食播种面积占农作物播种面积比例、粮食单产与全国粮食单产比率和人口数量占全国人口数量比例多元线性回归方程的 SUMMARY OUTPUT、RESIDUAL OUTPUT、PROBABILITY OUTPUT

SUMMARY OUTPUT

回归统计	
Multiple R	0.989 081
R Square	0.978 281
Adjusted R Square	0.974 26
标准误差	0.009 577
观测值	33

方差分析

	df	SS	MS	F	Significance F
回归分析	5	0.111 548	0.022 31	243.235 8	1.46E-21
残差	27	0.002 476	9.17E-05		
总计	32	0.114 024			

	Coefficients	标准误差	t Stat	P-value	Lower 95%	Upper 95%	下限 95.0%	上限 95.0%
Intercept	−2.441 72	0.262 376	−9.306 21	6.49E-10	−2.980 07	−1.903 37	−2.980 07	−1.903 37
耕地比例	15.045 16	1.041 086	14.451 41	3.16E-14	12.909 03	17.181 29	12.909 03	17.181 29
复种指数	0.508 303	0.052 988	9.592 802	3.44E-10	0.399 58	0.617 025	0.399 58	0.617 025
粮播比例	0.495 677	0.055 083	8.998 767	1.3E-09	0.382 656	0.608 697	0.382 656	0.608 697
单产比例	0.677 019	0.035 839	18.890 65	4.31E-17	0.603 484	0.750 554	0.603 484	0.750 554
人口比例	−6.709 83	3.013 832	−2.226 34	0.034 528	−12.893 7	−0.525 95	−12.893 7	−0.525 95

RESIDUAL OUTPUT

观测值	预测贡献度	残差	标准残差
1	0.013 219	−0.005 43	−0.617 13
2	0.000 679	0.003 211	0.365 025
3	−0.003 17	0.009 581	1.089 061
4	−0.040 74	0.003 238	0.368 131
5	−0.071 1	−0.008	−0.909 42
6	−0.034 24	−0.010 56	−1.200 02
7	0.022 263	−0.006 7	−0.762 01
8	0.076 302	0.022 178	2.521 063
9	0.081 498	0.007 122	0.809 642
10	0.100 364	0.001 646	0.187 158
11	0.082 937	−0.002 97	−0.337 26
12	0.073 959	−0.002 39	−0.271 54
13	0.069 565	−0.012 24	−1.390 84
14	0.164 831	−0.006 3	−0.716 26
15	0.075 403	−0.002 18	−0.248 19
16	0.143 946	0.016 564	1.882 883
17	0.162 087	0.006 613	0.751 69

（续）

观测值	预测贡献度	残差	标准残差
18	0. 164 749	0. 002 591	0. 294 539
19	0. 132 499	−0. 002 09	−0. 237 45
20	0. 062 397	−0. 004 15	−0. 471 44
21	0. 117 161	−0. 008 04	−0. 914 02
22	0. 119 5	−0. 009 92	−1. 127 66
23	0. 101 698	−0. 001 19	−0. 135
24	0. 101 07	−0. 006 68	−0. 759 31
25	−0. 008 85	0. 019 21	2. 183 707
26	0. 068 452	0. 007 188	0. 817 095
27	0. 030 941	−0. 001 45	−0. 164 97
28	0. 076 348	−0. 012 98	−1. 475 32
29	0. 070 311	−0. 005 43	−0. 617 39
30	0. 074 335	−0. 005 76	−0. 654 23
31	0. 050 84	0. 006 96	0. 791 22
32	0. 061 076	−0. 001 64	−0. 185 98
33	0. 033 622	0. 009 978	1. 134 212

PROBABILITY OUTPUT

百分比排位	贡献度
1. 515 152	−0. 079 1
4. 545 455	−0. 044 8
7. 575 758	−0. 037 5
10. 606 06	0. 003 89
13. 636 36	0. 006 41
16. 666 67	0. 007 79
19. 696 97	0. 010 36

（续）

百分比排位	贡献度
22. 727 27	0. 015 56
25. 757 58	0. 029 49
28. 787 88	0. 043 6
31. 818 18	0. 057 33
34. 848 48	0. 057 8
37. 878 79	0. 058 25
40. 909 09	0. 059 44
43. 939 39	0. 063 37
46. 969 7	0. 064 88
50. 000 0	0. 068 58
53. 030 3	0. 071 57
56. 060 61	0. 073 22
59. 090 91	0. 075 64
62. 121 21	0. 079 97
65. 151 52	0. 088 62
68. 181 82	0. 094 39
71. 212 12	0. 098 48
74. 242 42	0. 100 51
77. 272 73	0. 102 01
80. 303 03	0. 109 12
83. 333 33	0. 109 58
86. 363 64	0. 130 41
89. 393 94	0. 158 53
92. 424 24	0. 160 51
95. 454 55	0. 167 34
98. 484 85	0. 168 7

附录3 1978—2010 年山东省耕地面积比例、复种指数、粮食播种面积比例、单产比率和人口比例时间序列指数平滑运算结果报告

1. 耕地面积比例运算结果报告

目标单元格（最小值）

单元格	名字	初值	终值
K38	方差	1.19314E-05	1.18354E-05

可变单元格

单元格	名字	初值	终值
K37	α方差	0.3	0.245 894 719

约束

单元格	名字	单元格值	公式	状态	型数值
K37	α方差	0.245 894 719	K37<=1	未到限制值	0.754 105 281
K37	α方差	0.245 894 719	K37>=0	未到限制值	0.245 894 719

2. 复种指数运算结果报告

目标单元格（最小值）

单元格	名字	初值	终值
P38	方差	1.946 896 646	1.946 524 342

可变单元格

单元格	名字	初值	终值
P37	α方差	0.3	0.123 455 338

约束

单元格	名字	单元格值	公式	状态	型数值
P37	α方差	0.123 455 338	P37<=1	未到限制值	0.876 544 662
P37	α方差	0.123 455 338	P37>=0	未到限制值	0.123 455 338

3. 粮食播种面积比例运算结果报告

目标单元格（最小值）

单元格	名字	初值	终值
U38	方差	0.004 004 823	0.003 744 299

可变单元格

单元格	名字	初值	终值
U37	α方差	0.3	0.762 942 605

约束

单元格	名字	单元格值	公式	状态	型数值
U37	α方差	0.762 942 605	U37<=1	未到限制值	0.237 057 395
U37	α方差	0.762 942 605	U37>=0	未到限制值	0.762 942 605

4. 单产比率运算结果报告

目标单元格（最小值）

单元格	名字	初值	终值
Z38	α	0.006 977 323	0.006 564 034

可变单元格

单元格	名字	初值	终值
AA37	α二次指数平滑	0.3	0.630 029 656

约束

单元格	名字	单元格值	公式	状态	型数值
AA37	α二次指数平滑	0.630 029 656	AA37<=1	未到限制值	0.369 970 344
AA37	α二次指数平滑	0.630 029 656	AA37>=0	未到限制值	0.630 029 656

5. 人口比例运算结果报告

目标单元格（最小值）

单元格	名字	初值	终值
AE38	α	1.94578E-06	1.81524E-06

可变单元格

单元格	名字	初值	终值
AF37	α二次指数平滑	0.3	0.705 735 166

约束

单元格	名字	单元格值	公式	状态	型数值
AF37	α二次指数平滑	0.705 735 166	AF37<=1	未到限制值	0.294 264 834
AF37	α二次指数平滑	0.705 735 166	AF37>=0	未到限制值	0.705 735 166

附录4　山东省粮食生产农民调查问卷

山东省粮食生产农民调查问卷

尊敬的农民朋友：您好！

为全面掌握我省粮食生产的有关情况，我们从学术研究的角度设计了该调查问卷，请结合您的实际情况，从以下每个问题后的四个选项中分别选出一个最佳答案。本表不对外公开，请如实填写，谢谢您的合作！

1. 您的年龄：①30岁以下；②30～40岁；③40～50岁；④50岁以上。

2. 您的文化程度：①初中以下；②初中；③高中；④大专以上。

3. 您的主要收入来源：①种植业；②养殖业；③打工；④经商。

4. 您种植的主要作物：①粮食；②棉花；③花生；④蔬菜。

5. 您的种植规模：①15亩以下；②15～45亩；③45～90亩；④90亩以上。

6. 您在种地上投入的时间和精力：①全部；②大部分；③少部分；④极少。

7. 您种植粮食是因为：①效益高；②风险小；③国家有补贴；④省工省时。

8. 您种粮是为了：①为国家粮食安全作贡献；②增加收入；③满足家人口粮需要；④其他。

9. 您认为种粮比种其他作物效益：①高；②差不多；③低；④说不清。

10. 您认为制约种粮最主要因素是：①效益低；②风险高；

③生产条件差；④生产者素质低。

11. 您认为制约粮食单产提高最主要因素是：①投入产出比低；②生产条件差；③生产者素质低；④生产规模小。

12. 您是否愿意将自己的土地流转给他人：①愿意；②不愿意；③视情况而定；④说不好。

13. 您对土地流转的顾虑是：①国家政策有无变化；②流转价格是否合理；③流转资金能否兑现；④种地之外的收入是否稳定。

14. 您是否愿意加入农村专业合作组织：①愿意；②不愿意；③视情况而定；④说不好。

15. 您对农村专业合作组织的顾虑是：①合作组织发起者能否真正代表成员的利益；②合作组织能否提高生产效益；③合作组织能否有效抵御市场风险；④合作组织能否有良好的发展前景。

后 记 POSTSCRIPT

　　本书是在笔者博士论文的基础上修改完成的。中国农业大学王宏广教授和褚庆全副教授二位导师花费了大量的时间和精力对本研究给予了精心指导，研究选题、研究设计、试验调研和论文撰写与修改，每一个环节都凝聚着两位导师的智慧和心血。中国农业大学粮食安全研究中心和青岛农业大学科技处的各位领导和同事，对研究的开展和著作出版提供了大量的帮助。

　　中国农业大学李召虎老师、段留生老师、陈阜老师和青岛农业大学宋希云老师、林琪老师对本研究的开展给予了极大的指导、关心和帮助，青岛农业大学赵友刚、牟肖光、陈明利等老师在研究资料查询、数据收集、图表制作等方面提供了大量的支持和帮助。

　　国家科技支撑计划"黄淮东部（山东）小麦玉米两熟持续丰产高效技术集成研究与示范"（2011BAD16B09）、国家公益性行业（农业）科研专项"现代农作制度模式构建与配套技术研究与示范"（201105027）为本研究提供了资金支持。

　　在此，谨向辛勤教育和悉心指导我的导师，关心和帮助我的老师、同学、同事与亲友，默默支持和帮助我的亲人，表达我最诚挚的谢意！

王兆华

2015 年 3 月于青岛

图书在版编目（CIP）数据

山东省种植制度与粮食安全研究／王兆华著．—北
京：中国农业出版社，2015.4
ISBN 978-7-109-20406-5

Ⅰ.①山… Ⅱ.①王… Ⅲ.①种植制度－研究－山东
省②粮食问题－研究－山东省 Ⅳ.①S344②F326.11

中国版本图书馆 CIP 数据核字（2015）第 087562 号

中国农业出版社出版
（北京市朝阳区麦子店街 18 号楼）
（邮政编码 100125）
责任编辑 闫保荣

中国农业出版社印刷厂印刷 新华书店北京发行所发行
2015 年 5 月第 1 版 2015 年 5 月北京第 1 次印刷

开本：880mm×1230mm 1/32 印张：5.75
字数：160 千字
定价：26.00 元
（凡本版图书出现印刷、装订错误，请向出版社发行部调换）